Alt – Krank – Blank?

Christian Hentschel
Matthias Bettermann

Alt – Krank – Blank?

Worauf es im Alter wirklich ankommt

Christian Hentschel
Bad Suderode
Sachsen-Anhalt
Deutschland

Matthias Bettermann
Thale OT Stecklenberg
Sachsen-Anhalt
Deutschland

ISBN 978-3-662-45418-3   ISBN 978-3-662-45419-0 (eBook)
DOI 10.1007/978-3-662-45419-0

Die Deutsche Nationalbibliothek verzeichnet diese Publikation in der Deutschen National-
bibliografie; detaillierte bibliografische Daten sind im Internet über http://dnb.d-nb.de abrufbar.

Springer Spektrum

Planung: Marion Krämer
Einbandabbildung: ((c)) shutterstock 73623505

Gedruckt auf säurefreiem und chlorfrei gebleichtem Papier

Springer Berlin Heidelberg ist eine Marke von Springer DE. Springer DE ist Teil der
Fachverlagsgruppe Springer Science+Business Media
www.springer-spektrum.de

Inhalt

1

Prolog: Holt der Sensenmann die Armen früher?

Wer arm ist, muss früher sterben. Die meisten haben diesen Spruch schon einmal gehört. Möglicherweise wird er sich in ein paar Jahrzehnten bewahrheiten, wenn die jetzige Erwerbsgeneration der Rente entgegensieht.

Der wohlverdiente Ruhestand wird häufig verbunden mit langen, ausgedehnten Reisen. Bleibt den künftigen Generationen nur noch die Kaffeefahrt, bei der ihnen die letzten Cents aus der Tasche gezogen werden? Endet die Weltreise im Nachbardorf? Und überhaupt: Wie hoch ist die Lebenserwartung? Welchen Bedeutungszuwachs erfährt der Satz „Wer arm ist, muss früher sterben" in der Zukunft?

Die Vorstellungen erscheinen wie aus einem Science-Fiction-Film: Asiatische Pflegekräfte wuseln emsig in einem Acht-Quadratmeter-Zimmer. Die Betten stehen dicht an dicht. Darin liegen bedauernswerte Alte, die zum Pflegefall geworden sind, wobei „Pflege" noch schmeichelnd ausgedrückt ist, denn die Alten werden nur minimal versorgt. Mit Lebensqualität hat das nichts mehr zu tun. Sie dämmern vor sich hin. Ein gemeinschaftliches Warten auf den Sensenmann – auf die Erlösung.

In Zukunft wird es immer mehr ältere Menschen geben, weil die geburtenstarken Jahrgänge der Babyboom-

Generation in den Ruhestand gehen. Pflege gibt es dann nach Klassen unterteilt. Angemessene Pflege mit kleinem Betreuungsschlüssel können sich nur die ehemaligen Gutverdiener leisten. Das setzt eine lückenlose, gut bezahlte Erwerbstätigkeit voraus. Das Nachsehen haben Menschen mit langen Phasen der Erwerbslosigkeit. Auch Kindererziehung wird bestraft, wenn sie über die staatlich festgelegten Zeiträume hinausgeht.

Eigens für die Pflege wurde asiatisches Personal importiert. Hat Deutschland keine eigenen Leute mehr? Müssen immer mehr Fremde ins Land geholt werden, die den Deutschen die begehrten Arbeitsplätze wegnehmen? Die Antwort ist ein schlichtes Ja. In einigen Jahren wird Arbeitslosigkeit zum Fremdwort. Die geburtenschwachen Jahrgänge können sich ihre Stelle raussuchen, und so mancher wird sich insgeheim freuen, dass sich das Blatt wendet. Nicht mehr die Bewerber müssen ihre Talente, Kenntnisse und Fertigkeiten in den schillerndsten Farben anpreisen – nein, der Kelch wandert zu den Unternehmen. Eine neue Art der Kriegsführung beginnt: der „War for Talents". Kriegsschauplatz ist der Arbeitsmarkt mit einem Angebot, das die Nachfrage übersteigt. Besonders begehrt sind dann qualifizierte Fachkräfte. Diese wollen mehr als einfach nur ihre Brötchen verdienen: Sie möchten Karriere machen und gleichzeitig eine Familie gründen. Die Vereinbarkeit von Beruf und Familie ist somit die Aufgabe der Zukunft. Vielleicht ist diese Vereinbarkeit das Gebot der Stunde, angesichts des systematischen Rückgangs des Sozialstaates. Es ist vorstellbar, dass Familiensolidarität einen Bedeutungszuwachs erfährt, denn die Renten sind nicht mehr sicher.

Auch arme Menschen möchten leben. Naja, nicht einfach nur leben, sondern gut leben mit einer (wenn auch bescheidenen) Lebensqualität. Ist dies möglich? Und wenn ja: Wie ist dies zu erreichen? In welcher Gesellschaft leben wir? Wie wird sie sich in Zukunft entwickeln? Was kann der Einzelne tun, um der Armut im Alter zu entgehen? Worin liegt die beste Altersvorsorge? Ist eine stabile Familienstruktur möglicherweise auch eine Investition vergleichbar mit einer Lebensversicherung? Ist der einzig wahre Halt die Familie? Was kann der Einzelne für eine stabile Familienstruktur tun?

Diese und viele weitere Fragen werden in den folgenden Kapiteln beantwortet. Dieses Buch bietet somit einen umfassenden Überblick über das Thema der Altersvorsorge und richtet sich an alle diejenigen, die wissen wollen, was im Alter wirklich auf sie zukommt.

2

Von der Pyramide zum Pilz: Die Bevölkerungsentwicklung als soziales Dilemma?

Wie wird Deutschland im Jahr 2035 oder gar im Jahr 2060 aussehen? Wie Abb. 2.1 zeigt, hat sich der Altersaufbau von einer Pyramidenform in eine Pilzform verwandelt. Die Ausbuchtungen zeigen den hohen Anteil der betagten Bevölkerung. Links in Abb. 2.1 sind zwei Ausbuchtungen zu sehen. Die erste Ausbuchtung betrifft die Gruppe der 40- bis 50-Jährigen. Deren Anteil war im Jahre 2008 am höchsten. Einen ebenfalls hohen Anteil wies die Gruppe der 70-Jährigen auf. Aufgrund der anhaltend geringen Geburtenzahlen verschiebt sich die Ausbuchtung Stück für Stück nach oben, sodass im Jahr 2060 ein großer Anteil der Bevölkerung über 70 Jahre alt sein wird.

Abbildung 2.2 zeigt die Bevölkerung im Erwerbsalter. Dabei werden die Zeiträume 2008, 2020, 2035, 2050 und 2060 in die Betrachtung einbezogen. Deutlich erkennbar ist, dass der Anteil der 20- bis unter 30-Jährigen über die Jahrzehnte verteilt auf konstant niedrigem Niveau bleibt. Er pegelt sich bei etwa 20 % ein. Am größten ist die Gruppe der 30- bis unter 50-Jährigen. Zu ihr gehörten im Jahr 2008 49 % der erwerbstätigen Bevölkerung. 45 % sind es im Jahr

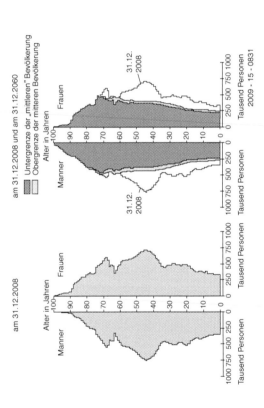

Abb. 2.1 Altersaufbau der Bevölkerung in Deutschland. (Statistisches Bundesamt 2009)

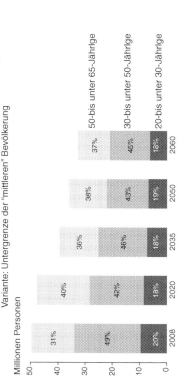

Bevölkerung im Erwerbsalter von 20 bis under 65 Jahren nach Altersgruppen

Ab 2009 Ergebnisse der 12. koordinierten Bevölkerungsvorausberechnung,
Variante: Untergrenze der "mittleren" Bevölkerung

Millionen Personen

50-bis unter 65-Jährige

30-bis unter 50-Jährige

20-bis unter 30-Jährige

Statistisches Bundesamt

Abb. 2.2 Bevölkerung im Erwerbsalter von 20 bis unter 65 Jahren. Ab 2009 Ergebnisse der 12. koordinierten Bevölkerungsvorausberechnung, Variante: Untergrenze der „mittleren" Bevölkerung. (Statistisches Bundesamt 2009)

2060. Einen Anstieg verzeichnet nur die Gruppe der 60-
bis unter 65-Jährigen. Sie steigt gegenüber dem Jahr 2008
von 31 % auf 37 %. Insgesamt schrumpft die Bevölkerung.
Die Pilzform der Bevölkerungspyramide wird schlanker.

Im Jahr 2009 gab das Statistische Bundesamt die 12. Bevölkerungsvorausberechnung heraus. Diese reicht bis in das
Jahr 2060 und wurde zwischen den Statistischen Ämtern
von Bund und Ländern koordiniert (Statistisches Bundesamt 2009, S. 5). Die Berechnung basiert auf Annahmen zur
Geburtenhäufigkeit, der Lebenserwartung und dem Saldo
der Zuzüge und Abwanderungen aus Deutschland. Insgesamt haben sich zwölf Varianten ergeben, die das Statistische Bundesamt auf zwei reduziert hat:

> Ergebnisse werden hier anhand von zwei Varianten be-
> schrieben, welche die Entwicklung unter der Annahme
> annähernd konstanter Geburtenhäufigkeit, eines Anstiegs
> der Lebenserwartung um etwa acht (Männer) beziehungs-
> weise sieben Jahre (Frauen) und eines Wanderungssaldos
> von 100.000 oder 200.000 Personen im Jahr aufzeigen.
> (Statistisches Bundesamt 2009, S. 5)

Die Varianten markieren die Grenzen der Entwicklung von
Bevölkerungsgröße und Altersaufbau unter Fortsetzung des
aktuellen demografischen Trends. Wie in Abb. 2.1 und 2.2
ersichtlich, werden diese als Unter- und Obergrenze der
„mittleren Bevölkerung" bezeichnet. Die Geburtenzahl
geht in Zukunft wahrscheinlich weiter zurück. Somit wird
auch die Zahl der potenziellen Mütter immer kleiner (Statistisches Bundesamt 2009, S. 5), was wiederum die Geburten sinken lässt.

Wissenschaftler gehen von einer steigenden Lebenserwartung aus. Das bedeutet aber nicht, dass die Menschen
ewig leben. Und so nimmt die Zahl der Sterbefälle ebenfalls
zu, was auf einen hohen Anteil der Babyboom-Generation
unter den Hochbetagten zurückzuführen ist. Die Zahl der
Gestorbenen übersteigt also die Anzahl der Geburten. Es
findet kein Ausgleich statt. Das Geburtendefizit kann nicht
durch Nettozuwanderung kompensiert werden. Und so
nimmt Deutschlands Bevölkerung weiter ab:

> Bei der Fortsetzung der aktuellen demografischen Entwick-
> lung wird die Einwohnerzahl von ca. 82 Mio. am Ende
> des Jahres 2008 auf etwa 65 (Untergrenze der „mittleren"
> Bevölkerung) beziehungsweise 70 Mio. (Obergrenze der
> „mittleren" Bevölkerung) im Jahr 2060 abnehmen. (Statis-
> tisches Bundesamt 2009, S. 5)

Die Altersstruktur verschiebt sich, wie der „Pyramidenpilz"
eindeutig zeigt. So wird im Jahr 2060 jeder Dritte über 65
Jahre alt sein. Zudem gibt es doppelt so viele 70-Jährige,
wie Kinder geboren werden. Dass das Methusalem-Kom-
plott keine Verschwörungstheorie ist, wird deutlich an der
Tatsache, dass in 50 Jahren jeder Siebte 80 Jahre oder älter
sein wird (Statisches Bundesamt 2009, S. 5).
Wie Abb. 2.2 zeigt, schrumpft mit der Bevölkerung auch
der Anteil der Bevölkerung im Erwerbsalter. Das lässt auf
den bereits erwähnten drohenden Fachkräftemangel schließen. Und überhaupt: Wer soll die Rente erwirtschaften,
wenn der Anteil der Erwerbstätigen stets zurückgeht? Die
hier beschrieben Fakten sind keine Utopie, die noch in weiter Ferne liegt und mit dem Satz „Nach mir die Sintflut"

abgetan werden kann. Bereits in drei (!) Jahren zeigt die Schrumpfung erste Auswirkungen. Immer mehr Seniorinnen und Senioren, die häufig ihr Leben lang gearbeitet haben und nun den Ruhestand genießen möchten, stehen den Erwerbstätigen gegenüber. Der Altersquotient steigt und steigt:

> Im Jahr 2060 werden dann je nach Ausmaß der Zuwanderung 63 oder 67 potenziellen Rentenbeziehern 100 Personen im Erwerbsalter gegenüber stehen. Auch bei einer Heraufsetzung des Renteneintrittsalters wird der Altenquotient für 67-Jährige und Ältere 2060 deutlich höher sein, als es heute der Altenquotient für 65-Jährige und Ältere ist. (Statistisches Bundesamt 2009, S. 6)

Die Frage, wer das bezahlen soll, bleibt offen – erst recht in Zeiten, in denen das Geld immer mehr an Wert verliert.

3
Wird unser Geld wertlos?

Was passiert mit unserem Geld? Kaum im Portemonnaie angekommen, ist es auch schon wieder weg. Das liegt aber keinesfalls an der Verschwendermentalität des Portemonnaiebesitzers. Dieser hat seinen Lebensstil beibehalten. Werden die Lebensmittel immer teurer? Erhöht sich der Preis für die Dinge des täglichen Bedarfs?

Heinz-Werner Rapp, Vorstand der Feri Finance AG, spricht von einer gefühlten Inflationsrate von 2,9 % (Mertgen und Rose 2013). Am meisten von Teuerungen betroffen sind dabei die Dinge des täglichen Lebens wie Arztrechnungen, Mieten oder der Restaurantbesuch. Wesentlich günstiger geworden sind Fernsehapparate, Handys oder Computer. Doch mal ehrlich: Wer braucht schon jede Woche einen neuen Fernseher?

In den nächsten Jahrzehnten werden die Inflationsraten wieder steigen. Deutschland wird von niedrigen Zinsen stimuliert. Dazu kommen wachsende Löhne (Einführung Mindestlohn) und höhere Lohnstückkosten (Mertgen und Rose 2013). Rapp tippt auf einen Inflationsanstieg von 3 %. Die Inflation ist ein Weg zur Senkung der Staatsschulden. Ein Herauswachsen ist unmöglich (je geringer die Inflation, desto stabiler der Wert des Geldes und desto stärker der Konsum und umgekehrt).

Der aktuelle Trend bedeutet, dass für Zinssparer schlechte Zeiten angebrochen sind. Einst sorgten die Billigprodukte aus China dafür, dass die Preise niedrig blieben. Aber auch in China sind die Löhne gestiegen. Im Grunde haben die Chinesen die weltweite Inflation im Zaum gehalten (Mertgen und Rose 2013). Weil es in der realen Wirtschaft zu wenig Nachfrage gibt, wandert das Geld an Kapitalmärkte, in Aktien, Immobilien und Anleihen. Rapp rät Investoren, sich vor der Inflation zu schützen, indem sie ihr Geld in Sachwerte anlegen, die laufende Erträge bringen (Mertgen und Rose 2013). Gold gehört nicht (mehr) dazu. Zu den Sachwerten gehören auch wirtschaftlich stabile Unternehmen. Hierfür wird in deren Aktien investiert. Welche Unternehmen das im Einzelnen sind, kann man letztlich erst beim Verfolgen der Wirtschaftsnachrichten über einen längeren Zeitraum erkennen. Unvorhersehbarkeiten sind aber auch hier nicht auszuschließen. Letztlich haben auch Finanzexperten den Aufstieg (z. B. Porsche ab den 90er Jahren) und Abstieg (z. B. Lehman Brothers 2008) vieler Unternehmen nicht vorhergesehen. Oder diejenigen, die es wussten, erzählten es niemandem, um selbst ausreichend zu profitieren. Es lohne sich auch, in Aktien der Bundesrepublik zu investieren. Der Experte rät von Unternehmensinvestitionen in Schwellenländern, aber auch Japan und Amerika ab (Mertgen und Rose 2013).

Die klassischste Investition ist aber die Investition in das Eigenheim. Die Zinsen sind niedrig, und die deutsche Wirtschaft bietet ebenfalls eine solide Basis. Manch einer wird jetzt argumentieren: Ein Eigenheim, wie soll ich mir das leisten? Es ist zwar positiv, dass die Regierung endlich die Mindestlöhne eingeführt hat, aber wie soll ich davon noch die Raten für ein Eigenheim begleichen? Und überhaupt: Auch ich mache der deutschen Geburtenrate alle Ehre – naja oder keine Ehre – und habe nur ein Kind. Was ist, wenn mein einziges Kind überhaupt kein Interesse an dem Eigenheim hat? Was, wenn es wie ein Vagabund durch die Welt ziehen will? Was, wenn es die Geburtenrate weiter zum Sinken bringt, indem es ganz auf Kinder verzichtet? Was wird dann aus meinem Eigenheim. Verkaufe ich es dann mit Verlust und bleibe auf einem Haufen Schulden sitzen?

Diese Gedankengänge sind nicht abwegig. Der Besitz eines Eigenheims und die damit verbundene Abzahlung eines Kredits setzen ein regelmäßiges Einkommen voraus. Doch ist die Regelmäßigkeit des Einkommens überhaupt noch sicher in einer Zeit, in der die Biografie zur lebenslangen Baustelle geworden ist? Wer gibt dem Arbeitnehmer in einer globalisierten Arbeitswelt die Sicherheit für seinen Job? Ist der Arbeitgeber nicht selbst den Unsicherheiten der modernen Arbeitswelt ausgesetzt?

Fakt ist: Ein Eigenheim bindet. Es bindet an einen Ort und erfordert ein regelmäßiges, gutes Einkommen, auch im Alter. Und dieses Einkommen im Alter entbehrt jeglicher Sicherheit. Manch einer wird sich fragen, was er im Leben falsch gemacht hat, denn wenn er sich in seiner Stadt oder Gemeinde umschaut, dann gibt es immer noch genügend Menschen, die sich den Traum vom Eigenheim erfüllen. Vielleicht bringt das folgende Kapitel Licht ins Dunkel, das die Durchschnittseinkommen denen der „Reichen" gegenüberstellt.

4

Steigen die Einkommen, steigen die Preise?

Warum müssen die Deutschen ständig jammern? Dafür gibt es doch gar keinen Grund! Die Einkommen sind im Vergleich zu 1990 stetig gestiegen. Selbst den „Armen" geht es mittlerweile gut. Mediamarkt-Prospekte werden in ihrer Gestaltung vorrangig auf Hartz-IV-Empfänger ausgerichtet, wie auch immer das gehen soll. Durch teils sehr niedrige Lebensmittelpreise in Deutschland – mittlerweile expandieren ALDI und Co. Ins westeuropäische Ausland – muss wirklich niemand mehr Hunger leiden. Und auch Kredite werden, da die Banken ja auch Geschäfte machen wollen, so gerne wie nie vergeben.

Abbildung 4.1 zeigt die Entwicklung der Reallöhne Deutschlands beginnend mit dem Jahr 2003. Angegeben sind dabei die Veränderungen zum Vorjahr in Prozent. Dabei zeigt sich, dass die Einkommenssteigerung aus dem Jahr 2012 ein Jahr später komplett von der Inflation „aufgefressen" wurde. Während die Löhne 2013 um 1,3 % stiegen, erhöhten sich die Verbraucherpreise um 1,5 %. Die Ursache für den Rückgang der Einkommen sei, laut Statistikern, im Rückgang der Sonderzahlungen zu suchen (Zeit Online 2014).

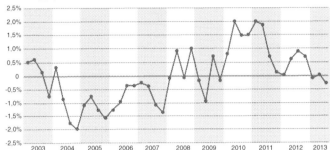

Entwicklung der Reallohne in Deutschland
Veränderung gegenüber dem Vorjahreszeitraum in %

Abb. 4.1 Entwicklung der Reallöhne in Deutschland von 2003 bis 2013. Veränderung gegenüber dem Vorjahreszeitraum in Prozent. (Statistisches Bundesamt 2013; in Zeit Online 2014)

Abbildung 4.2 zeigt die reale und nominale Lohnentwicklung in Deutschland. Dabei werden der Reallohnindex, der Nominallohnindex und der Verbraucherpreisindex betrachtet.

Unter dem *Nominallohnindex* wird die Veränderung der durchschnittlichen Bruttomonatsverdienste einschließlich der Sonderzahlungen im produzierenden Gewerbe und im Dienstleistungsbereich zusammengefasst (Bundeszentrale für politische Bildung 2013). Im Mittelpunkt stehen Beschäftige in Voll- und Teilzeit sowie geringfügig Beschäftigte. Im *Verbraucherindex* spiegelt sich die Entwicklung der Preise wider (Bundeszentrale für politische Bildung 2013). Im *Reallohnindex* zeigen sich die Entwicklung der Verdienste sowie die Entwicklung der Preise. Verändert sich der Reallohnindex positiv, dann sind die Verdienste mehr gestiegen als die Preise (Bundeszentrale für politische Bildung 2013). Wie Abb. 4.2 zeigt, hat sich der Reallohnindex in

■
■ **Reale und nominale Lohnentwicklung**

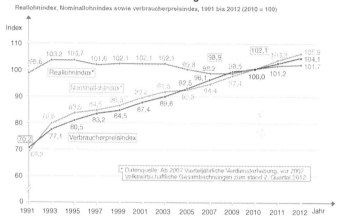

Abb. 4.2 Reale und nominale Lohnentwicklung von 1991 bis 2012 (2010 = 100). (Statistisches Bundesamt 2013; Bundeszentrale für politische Bildung 2013)

den letzten 20 Jahren wenig verändert. Klar ausgedrückt: Die Einkommen sind gleich geblieben. Jegliche Steigerung ist eine Illusion. Hinsichtlich der nominalen Bruttomonatsverdienste bestehen Unterschiede in Bezug auf einzelne Arbeitnehmergruppen und deren Sozialstatus:

Beispielsweise sind die nominalen Bruttomonatsverdienste für Arbeitnehmer in leitender Stellung (plus 15,5 Prozent) und für herausgehobene Fachkräfte (plus 12,8 Prozent) überdurchschnittlich stark gestiegen. Fachkräfte (plus 10,9 Prozent), angelernte Arbeitnehmer (plus 10,0 Prozent) und ungelernte Arbeitnehmer (plus 9,8 Prozent) konnten zwar auch die Steigerung der Verbraucherpreise (plus 8,3 Prozent) kompensieren, die Verdienste nahmen aber trotzdem nur unterdurchschnittlich zu. Entsprechend hat sich der Lohnabstand zwischen den einzelnen Arbeitnehmergruppen von 2007 bis 2012 vergrößert. (Bundeszentrale für politische Bildung 2013)

Unterschiede bestehen zudem zwischen Ost- und Westdeutschland sowie zwischen Männern und Frauen. Interessant ist der monatliche Bruttomonatsverdienst. Dieser liegt bei Männern bei 3595 €. Frauen verdienen nur 2925 € (Bundeszentrale für politische Bildung 2013). Dabei gibt es große Unterschiede zwischen den einzelnen Branchen. So verdient ein Arbeitnehmer in der Gastronomie wesentlich weniger als ein Unternehmensberater.

Doch wie gestaltet sich dies bei den obersten Zehntausend, bei der Elite? Fülbeck (2014) hat dazu die Zahlen des Instituts für Wirtschaft ausgewertet. Demnach zählt eine Person ab einem Vermögen von 261.000 € zur finanziellen Elite von Deutschland. Der Durchschnitt dieser Gruppe verfügt über ein Vermögen von 639.000 € nach Abzug aller Verbindlichkeiten (Fülbeck 2014). 1 % der Deutschen besitzt 1 Mio. €. Dabei sind vor allem die Rentner reich. So sind drei der vier reichsten Menschen Deutschlands über 50 Jahre alt. Das „reich" bezieht sich dabei weniger auf Barvermögen als vielmehr auf Sachwerte wie Eigenheime und vermietete Immobilien. Aber ehe der Neid auf die Begüterten hochkocht, sollte bedacht werden, dass die meisten Reichen in Deutschland für ihr Geld geschuftet haben. Nur 16 % der Vermögen gehen auf Erbschaften oder Schenkungen zurück (Fülbeck 2014). Dennoch bleibt die Schere zwischen Arm und Reich weit geöffnet. Deutschland weist dabei die größte Vermögensungleichheit der gesamten Eu-

Vermögen: Ungleichheit Hält sich

Von den Netto-Haushaltsvermogen in Deutschland gehörte ...

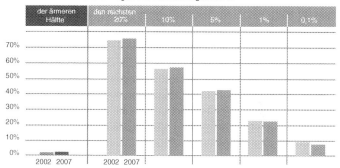

Abb. 4.3   Vermögensungleichheit in Deutschland 2002 und 2007. (Fülbeck 2014)

ropäischen Union auf. Abbildung 4.3 veranschaulicht, dass 20 % der reichsten Deutschen 70 % des Netto-Haushaltsvermögens besitzen. Daran hat sich in den letzten zehn Jahren nichts geändert.

Während der gewöhnliche Arbeitnehmer für seine Altersvorsorge jeden Cent umdrehen muss, ehe er ihn ausgibt, sehen die von Sachwerten gesegneten Reichen einem ebenso gesegneten Ruhestand entgegen. Das folgende Kapitel richtet sich deshalb nicht an die Elite, sondern an diejenigen, die wissen möchten, wie sie auch mit geringem Einkommen die Rente finanzieren können.

5

Dient die Rente als Kapitalanlage?

5.1 Von der Generationensolidarität zur Sandwichgeneration?

Noch vor wenigen Jahrzehnten war den meisten nicht bewusst, dass es mit der Rente Probleme geben könnte. Es galt die sogenannte Umlagefinanzierung, die 1957 eingeführt wurde. Diese gilt auch heute noch, aber unter geänderten Bedingungen. Die Bestandteile dieser Formel (1957) sind:

* Anrechnungsfähige Versicherungsjahre (VJ)
* Steigerungssatz je Versicherungsjahr (abhängig von Rentenart)
* Persönlicher Vomhundertsatz (PSBM)
* Rentenwert/Werteinheiten (aRW)

Zur Ermittlung der Werteinheiten wurde der individuelle Verdienst jedes Jahres ins Verhältnis zum Durchschnittsentgelt aller Versicherten gesetzt. Dabei wurden Pflichtbeiträge, Ausfallzeiten, freiwillige Beiträge und Ersatzzeiten berücksichtigt. Es war nicht nötig, dass der Versicherte über jedes Jahr Nachweise erbrachte (Deutsche Rentenversicherung 2011, S. 279–384). 1957 wurde die Rente zudem an die Entwicklung der Bruttolöhne angepasst. Beim umlagefinanzierten Rentensystem werden die eingezahlten Beiträge unmittelbar zur Finanzierung der Leistungsberechtigten genutzt. Dass dieses Rentensystem stark von der Demografie abhängig ist, war den Machthabenden frühzeitig bekannt. Bereits 1987 erschien das erste Gutachten über die wirtschaftliche Entwicklung vor dem Hintergrund einer schrumpfenden Bevölkerung (Deutsche Rentenversicherung 2011, S. 279–384).

Der Generationenvertrag basiert auf einem einigermaßen ausgeglichenen Verhältnis der Generationen. Dabei sind mehrere Erwerbstätige nötig, um die Rente eines Ruheständlers zu finanzieren. Die Jungen zahlen also für die Alten. Nur, letztere werden immer mehr. Dass die Lebenserwartung steigt, haben die pilzförmigen Bevölkerungspyramiden bereits gezeigt. Gleichzeitig sinkt die Geburtenrate. Im Jahr 2040 wird jeder Dritte älter als 65 und damit im Rentenalter sein, und bereits im Jahr 2030 kommen nur noch zwei Erwerbstätige auf einen Rentner (Gesellensetter 2011). In Ostdeutschland erfüllt sich das Szenario bereits 2020. Die Lasten für die Jungen steigen also stetig. Ein von der Bundesregierung beschlossenes Rentenkürzungsverbot tut das Übrige (Gesellensetter 2011). Die Bundesregierung handelt dabei nicht ohne Taktik. Das größte Wählerpotenzial befindet sich unter den (zufriedenen) Rentnern. Eine Rentenkürzung wäre politscher Selbstmord. Wer ginge dann noch wählen? Keiner. Die Politik wäre somit abgeschafft. Damit dies nicht eintritt, wird das Rentensystem am Laufen gehalten. Derzeit liegt der Rentenbeitrag bei 18,90 % des zu versteuernden Einkommens. Es ist davon auszugehen, dass der Beitragssatz steigen wird.

Erstaunlicherweise begannen die Arbeiten zum Rentenreformgesetz erst zehn Jahre nach Bekanntwerden der demografischen Situation (Deutsche Rentenversicherung 2011, S. 279 ff.). Dabei wurde erstmals die schrumpfende Bevölkerung in die Rentenformel einbezogen. Zudem bekam die Kindererziehung eine höhere Wertigkeit. Das Gesetz erfuhr bereits 1998 eine Korrektur: Der demografische Faktor wurde aus der Formel herausgenommen. Auf Einsparungen konnte dennoch nicht verzichtet werden. Deshalb fiel im Jahr 2000 die Erwerbsunfähigkeitsrente weg.

Der wirkliche Meilenstein wurde zukunftsträchtig im Jahr 2001 gesetzt. Mit dem Altersvermögensergänzungsgesetz wurde erstmalig ein kapitalgedecktes Altersvorsorgevermögen gefördert. Diese Förderung ging als *Riester-Rente* in die Geschichte ein. Es war der erste Schritt zur Umwälzung des umlagefinanzierten Rentensystems. Als im Jahr 2002 das Beitragssicherungsgesetz in Kraft trat, wurden die Beiträge auf 19,5 % angehoben. Die Beitragsbemessungsgrenze betrug ab sofort das Doppelte vom durchschnittlichen Bruttoverdienst. Dafür waren Minijobs von der Sozialversicherung befreit.

Ein weiterer Meilenstein wurde 2005 gesetzt. Die rotgrüne Regierung unter Gerhard Schröder bewegte sich mit Riesenschritten zur Agenda 2010. Arbeitslosenhilfe und Sozialhilfe wurden zu Hartz IV zusammengelegt. Für Hartz-IV-Bezieher dauerte es von da ab nur noch wenige Jahre, bis die Rentenversicherungsbeträge aus den Bezügen genommen wurden. Steuerprivilegien wurden abgeschafft. Das Renteneintrittsalter wurde erstmals heraufgesetzt. So war die Rente mit Abschlägen erst ab dem 63. Lebensjahr möglich. Änderungen gab es auch bei der Anrechnung von Ausbildungsbeiträgen.

2007 wurde das Gesetz zur Anpassung der Regelaltersgrenze an die demografische Entwicklung beschlossen (Deutsche Rentenversicherung 2011, S. 279 ff.). Zwischen 2012 und 2029 soll die Regelaltersgrenze von 65 auf 67 Jahre steigen. Die Grenze zur Erwerbsminderungsrente wird zeitgleich von 63 auf 65 Jahre steigen.

Die im Jahre 2014 beschlossene Rente mit 63 hingegen war wiederum ein Bonbon der großen Koalition, getreu dem Motto: die SPD will auch mal was sagen. Sie kann erst beansprucht werden, wenn man 45 Arbeitsjahre absolviert hat. Besser gesagt: Beitragsjahre. Das bedeutet, man muss mehr oder weniger ab 18 eine lückenlose Arbeitsbiografie vorlegen können, wodurch in der Praxis vermehrt männliche Facharbeiter in den Genuss dieser Regelung kommen. Inwiefern die Rente mit 63 als richtiges Signal an eine älter werdende Bevölkerung verstanden werden kann, ist leider vage.

Zusammenfassend kann gesagt werden, dass das umlagefinanzierte Rentensystem ausgedient hat. Für die Zukunft ist ein kapitalfinanziertes System sinnvoll. Hierfür stehen zwei Optionen zur Verfügung. So gibt es bereits jetzt zahlreiche Unternehmen, die für ihre Mitarbeiter eine private Rentenversicherung abschließen. Zudem sollte jeder privat vorsorgen. Das ist gleichzeitig ein weiterer Schritt in die Individualisierung. Das Wort „Generationensolidarität" klingt dabei wie Hohn, denn angesichts der leeren Kassen schiebt der Staat die Verantwortung auf jeden Einzelnen ab. Das Problem dabei ist, dass nicht jeder die gleiche Chance hat, für sein Alter vorzusorgen. Zu groß ist die bereits erwähnte Schere zwischen Arm und Reich. Dazu kommen immense Unterschiede zwischen Ost und West. Nach der politischen Wende blieb vielen Menschen im Osten nur der Weg in die Arbeitslosigkeit. Dadurch fehlen Beitragsjahre. Zudem mangelt es im Osten an Privatvermögen. Viele Ostdeutsche halten den Garantiescheck für die Altersarmut bereits in der Hand.

Die Generation der Erwerbstätigen ist in den kommenden Jahrzehnten mehrfach belastet. In Forschungskreisen werden diese Personen als Sandwichgeneration bezeichnet, da sie zum einen die Elterngeneration und zum anderen die eigenen Kinder (wenn vorhanden) versorgen müssen. Transaktionen in Form von Sachwerten und Geldern fließen nach oben und nach unten. Die schrumpfende Anzahl Erwerbstätiger muss die Rente ihrer Eltern, die Ausbildung/Erziehung ihrer Kinder und die eigene Altersvorsorge finanzieren. Zu Recht fragt sich der eine oder andere nun, wie das funktionieren kann.

Wie in Kap. 4 erläutert, sind die Einkommen in den letzten 20 Jahren unverändert geblieben. Was sich verändert hat, ist die Belastung. Von den gleichbleibenden Einkommen müssen immer größere Kosten bestritten werden. Somit ist der Gedanke überhaupt nicht abwegig, dass der Weg in den Ruhestand mit Armut und Entbehrungen gepflastert ist. Es ist abzusehen, dass es sich beim Rentensystem der Zukunft um eine Mischung aus festen Beiträgen der Arbeitgeber, Arbeitnehmer und Kapitalanlagen handeln wird.

Ob es überhaupt möglich ist, mit wenig Einkommen eine Altersvorsorge anzusparen, wird im folgenden Abschnitt erläutert.

5.2 Gibt es die Altersvorsorge für den kleinen Geldbeutel?

Mehr denn je entscheidet heute die soziale Herkunft über Arm und Reich. Wer in eine wenig begüterte Familie hineingeboren wird, würde demnach immer arm bleiben – wenn es da nicht das Bildungssystem gäbe. Es waren die Visionen der Blumenkinder, die das erstarrte Bildungssystem des Nachkriegsdeutschlands von Reform zu Reform brachten. „Chancengleichheit für alle" hieß das große Ziel. Der Traum von der Chancengleichheit ist mittlerweile ausgeträumt, wie verschiedene Studien belegen.

Im Grunde beginnt die Selektion bereits nach der Grundschule. Schon im zarten Alter von zehn Jahren sollten die Eltern (und die Kinder) wissen, ob sie für die höhere Bildung geeignet sind. Beobachtet man Kinder in dem Alter, wird schnell klar, dass sie viel lieber spielen und kreativ die Welt entdecken. Wen interessiert mit zehn Jahren schon das Leistungsstreben der Gesellschaft? Und doch führt kein Weg daran vorbei. Bei Untersuchungen wurde festgestellt, dass trotz guter Noten nur 38 % der „Unterschichtkinder" auf das Gymnasium gehen (Mayer-Kuckuk 2004). Augenscheinlich müssen sie sogar mehr Leistung bringen, damit Lehrer sie für das Gymnasium empfehlen. Von den wenigen „Unterschichtkindern", die das Abitur machen, gehen längst nicht alle auf die Uni. Einige bevorzugen die klassische Berufsausbildung und verfehlen dadurch mitunter Berufe mit hohem Einkommen und Sozialprestige. Als größeres Problem sollten aber immer noch all jene Jugendlichen gesehen werden, die durch gänzlich fehlende Qualifikation

immer in prekären, also unsicheren wirtschaftlichen Umständen verharren werden. In dem Sinne ist der zeitweise
immer wieder auftauchende Wunsch der Politik nach einer
Akademisierung der Bevölkerung als vermessen anzusehen.

Ein oft unterschätzter Faktor ist dabei die Ermutigung
von Seiten der Eltern. Bleibt diese aus, entwickeln die Kinder geringeren Ehrgeiz. Angenommen, die Kinder aus der
Unterschicht entwickeln den Ehrgeiz trotz aller Widrigkeiten, und erklimmen die Karriereleiter Stufe für Stufe: Abitur, Studium, Promotion … Schließlich klopfen sie an die
Tür zur Chefetage. Keiner öffnet. Warum? Ganz einfach:
Wer oben ist, hält die Tür zu. Die etablierten Eliten legen
den Emporkömmlingen gern Steine in den Weg. Es sieht
also ganz danach aus, als ob man zum Manager geboren
wird. In Zahlen ausgedrückt haben Leute mit großbürgerlichem Hintergrund fünfmal bessere Chancen auf eine Eliteposition in der Wirtschaft (Mayer-Kuckuk 2004).

Längst ist erwiesen, dass die Öffnung der Universitäten
für die Mittelschicht die meisten Vorteile brachte. Ihre
Aussicht auf Hochschulbildung stieg seit den Bildungsreformen in den 1960er Jahren um 30 %. Die Chancen der
Arbeiterkinder stiegen nur um 4 % (Mayer-Kuckuk 2004).
Diese Ausführungen zeigen, dass die Tatsachen eine eigene
Sprache sprechen: Geld kommt zu Geld. Einmal reich, immer reich. Was aber, wenn der Weg zur Universität zu steinig war und der Mensch als Hilfsarbeiter sein Dasein fristen
muss? Ist das der sichere Weg in die Altersarmut? Oder ist es
trotzdem möglich, für das Alter vorzusorgen?

Die erfreuliche Antwort lautet Ja. Dabei ist die Vorsorge
abhängig vom monatlichen Einkommen und vor allem davon, wie dauerhaft dieses Einkommen zur Verfügung steht.

Im Zeitalter von Leiharbeit und befristeten Arbeitsverträgen ist es keinesfalls sicher, dass jeden Monat die gleiche Summe auf dem Konto eingeht. Fakt ist jedoch, dass das Rentenniveau weiter sinkt. Dazu kommt, dass später ein größerer Teil als heute steuerpflichtig sein wird. Im Grunde sollte jeder so früh wie möglich an die Altersvorsorge denken. Am besten beginnt er damit, wenn er das erste Geld verdient. Doch wichtiger ist es zunächst, Rücklagen für Notsituationen zu bilden, beispielsweise für eine eventuelle Autoreparatur oder die kaputte Waschmaschine. Es bringt also nichts, wenn der normale Konsum auf Pump – und das zu riesigen Zinssätzen – finanziert werden muss. Wichtig ist zudem, Risiken wie Tod oder Berufsunfähigkeit abzusichern.

Erst wenn Schulden getilgt, Risiken abgesichert und Rücklagen gebildet wurden, sollte die Altersvorsorge in Angriff genommen werden. Ideal sind dabei flexible Produkte, die sich an die individuellen Voraussetzungen anpassen. Immer noch gehört die klassische Riester-Rente zu den beliebten Angeboten, da diese auch für „arme" Menschen geeignet ist. Schon ab einer Einzahlung von 5 € erhält der Vorsorger staatliche Zulagen. Anspruch auf die Förderung haben auch diejenigen, die Arbeitslosengeld I oder II beziehen. Das angesparte Geld wird nicht angerechnet. Bei kompletter Zahlungsunfähigkeit ist es möglich, die Beiträge eine Weile ruhen zu lassen. Das Geld geht nicht verloren. Einige Arbeitgeber bieten das Ansparen vermögenswirksamer Leistungen an. Unter Umständen gibt es sogar noch zusätzliche Förderungen in Form einer Arbeitnehmersparzulage bzw. Wohnungsbauprämie. Sparer mit kleinem

Geldbeutel sollten sich also nicht scheuen, staatliche Hilfen in Anspruch zu nehmen.

Eine weitere Möglichkeit der Altersvorsorge für Geringverdiener sind Fondssparpläne. Auch das ist besonders für junge Leute interessant. Es gibt europaweite Aktienfonds, die als sicher gelten. Auch Banksparpläne und Tagesgeldkonten sind in die nähere Betrachtung einzubeziehen. Wem die Auswahl schwerfällt, sollte sich professionell beraten lassen. Da in der Finanzbranche viele schwarze Schafe unterwegs sind, empfiehlt es sich, verschiedene Beratungen zu konsultieren sowie Freunde und Bekannte nach ihrer Altersvorsorge zu befragen.

5.3 Comeback des Sparstrumpfes?

Natürlich ist der Begriff der Altersarmut an Geldbeträge gekoppelt. So gilt derjenige, der 742 € oder weniger gesetzliche Rente zugesagt bekommt, als arm (Kunze 2014). Derartigen Bescheiden liegt der Antrag für die Grundsicherung bei. Diese Sozialleistung wurde im Jahr 2003 eingeführt. Sie wird bei Erwerbsminderung oder im Alter gezahlt, wenn die eingezahlten Beiträge nicht zum Leben reichen. Im Unterschied zur Sozialhilfe werden die Angehörigen bis zu einem Jahreseinkommen von 100.000 € nicht zur Zahlung herangezogen. Die *Grundsicherung* ist eine ergänzende Sozialleistung, die früher von vielen Rentnern nicht beantragt wurde, um ihren Angehörigen nicht zur Last zu fallen. Diese Sorge fällt für viele – angesichts der 100.000-€-Grenze – nun weg. Erben haften auch nicht nachträglich für gezahlte Sozialleistungen (Kunze 2014). Die Leistungen der

Grundsicherung entsprechen dem Satz der Sozialhilfe. Derzeit gibt es 364 € für alleinstehende Personen und 656 € für Paare. Dabei werden die Kosten für Unterkunft und Heizung sowie Beiträge zur Kranken- und Pflegeversicherung übernommen. Bei bestimmten Behinderungen besteht ein Anspruch auf Zuschlag (Mehrbedarf).

Doch das Wichtigste kommt jetzt: Das gesamte Einkommen und Vermögen wird auf die Grundsicherung angerechnet. Dazu gehören auch private Renten. Verschont bleiben ausschließlich Ersparnisse bis zu 2600 € und die selbstgenutzte Immobilie (Kunze 2014). Gezahlt wird im Übrigen erst ab dem Zeitpunkt der Antragstellung.

Wer also jetzt schon davon ausgehen kann, dass ihm im Alter nicht mehr als die Grundsicherung zusteht, der sollte von aufwendigen Sparmaßnahmen absehen, zumindest was Kapitalanlagen und Versicherungen betrifft. Möglicherweise ist hier der Sparstrumpf der beste Begleiter. Solange dieser nicht bei einem Brand abhandenkommt, ist er eine sichere Anlage, unter Beachtung der jährlichen Inflation.

5.4 Was nützen Immobilien und Aktien?

Ein Teil der Bevölkerung muss also zur Absicherung im Alter das letzte Geld zusammenkratzen – Geld, das nicht in die Ausbildung der Kinder, in Steuern, Reparaturen, Autokäufe oder Versicherungen geflossen ist. Ein nicht unerheblicher Teil der Bevölkerung leistet sich stattdessen Aktien und Immobilien. Letztere liegen voll im Trend, wie eine aktuelle Studie der Postbank beweist (Postbank-Studie 2014). Dieser Trend lässt sich mit den günstigen Zinsen erklären. Mitunter kann der Kauf einer Eigentumswohnung sinnvoller sein, als Miete zu zahlen. Das gilt auch für Menschen mit kleinen und mittleren Einkommen. Als Richtwert gelten 40 % des Haushaltsnettoeinkommens. Auch der Traum vom eigenen Haus lässt sich realisieren. Hier wird 1200 € verfügbares Nettohaushaltseinkommen als Richtwert genannt (Postbank-Studie 2014). Besonders im Osten sind Einfamilienhäuser bezahlbar. Dabei muss die Lage beachtet werden. Immobilien steigen im Wert, wenn sie in einer besonders günstigen Wohnlage stehen. Nur so lässt sich die Immobilie irgendwann mit Gewinn verkaufen.

Und wie verhält es sich mit Aktien? Viele mögen bei diesem Thema an das Desaster der Telekom-Aktie denken, die einst Manfred Krug bewarb und als Inbegriff einer Aktie galt, die sich *jeder* leisten kann – eine Aktie des kleinen Mannes. Nach dem Untergang der Aktie und damit des ganzen Unternehmens hatte gerade dieser kleine Mann das Vertrauen in Aktien verloren. Aktien galten fortan als riskant. Sie waren etwas für Spieler und kalte Zocker, die nicht wussten, wohin mit ihrem vielen Geld. Eigene negative Erfahrungen mit Aktien haben viele Menschen gebrandmarkt. Stattdessen legen sie ihr Geld lieber in Sparanlagen oder Tagesgeldkonten an. Langzeituntersuchungen haben ergeben, dass es sich bei der Aktie um eine sichere Anlage handelt (Seibel 2014). Das Ergebnis basiert auf Untersuchungen des US-Marktes. Für den US-Markt gibt es die längsten Zeitreihen. Auf Sicht von 30 Jahren hat die Aktie nie an Wert eingebüßt. Es heißt:

> Jeder, der für seine Altersvorsorge innerhalb der zurückliegenden 213 Jahre in US-Aktien investierte, ganz gleich zu welchem Zeitpunkt, konnte sich mit dem Ersparten nach Ablauf von drei Jahrzehnten mehr leisten als zuvor. (Seibel 2014)

Die durchschnittliche Rendite betrug dabei 2,81 % pro Jahr – nach Abzug der Inflation. Dennoch gab es für Aktien dunkle Tage. Dazu gehörte der Schwarze Montag 1987. Innerhalb einer Stunde brachen die Kurse ein. Und das Kuriose dabei ist: Es gab kein einschneidendes Ereignis, das den Kurseinfall begründet hätte. Anders als am 11. September 2001. Die Terroranschläge in New York führten zum sofortigen Kurseinbruch. Ähnliches galt für die Pleite der Investmentbank Lehman Brothers im September 2008 (Seibel 2014). Doch tatsächlich handelt es sich bei den Einbrüchen nur um kurzfristige Verluste. So lag der maximale Verlust im US-Aktienmarkt innerhalb eines Jahres bei 38 % nach Abzug der Inflation. Das war im Jahre 1932. Interessant ist:

> Je länger der Anlagezeitraum ist, desto weniger entscheidend ist auch bei Aktien der Einstiegszeitpunkt in den Markt. Wer sein Geld fünf Jahre anlegte, machte innerhalb der vergangenen 213 Jahre in 36 Fällen Verlust, bei zehn Jahren war dies 16 Mal der Fall, bei 30 Jahren, wie erwähnt, kein einziges Mal. […] Über die letzten 200 Jahre ist der Breitenwohlstand in den Industriestaaten enorm gewachsen […]. (Seibel 2014).

Das bedeutet also, dass Aktienbesitzer viel Geduld aufbringen müssen. Das Risiko des Verlusts reduziert sich durch eine breite Streuung der Gelder.

Zusammenfassend lässt sich sagen, dass es eine todsichere Altersvorsorge nicht gibt. Bei Aktien stellt die wirtschaftliche Situation das Risiko dar, Immobilien können an Wert verlieren, und Tagesgeldkonten unterliegen Schwankungen. Bei Versicherungen besteht die Gefahr, dass die Gesellschaften den größten Nutzen davontragen. Der gute alte Sparstrumpf unterliegt der Inflation. Bei einer selbstgenutzten Immobilie lässt sich nach Abzahlung des Kredits immerhin die Miete einsparen.

Und doch bleibt die eigene Immobilie für viele ein Traum. Einige freuen sich bereits sehr, wenn das Geld gerade noch für die Dreizimmerwohnung reicht.

6

Wohnst Du noch, oder bist Du schon in Rente?

Es gibt verschiedene Vorstellungen zum Wohnen im Alter. Während die einen die Horrorvorstellung von überfüllten Pflegeheimen mit sich herumtragen, träumen die anderen von idyllischen Wohngemeinschaften. Ein Zusammenleben verschiedener Generationen: Jung und Alt in trauter Harmonie. Sozialromantik pur. Die Realität ist eine andere.

Wie im vergangenen Kapitel erwähnt, beträgt die Mindestrente742 €. Im Osten Deutschlands ist eine Einzimmerwohnung für 300 € warm zu haben. Bleiben noch 442 € zum Leben. Nun, das liegt immerhin etwas über dem Hartz-IV-Satz für eine alleinstehende Person. Zum Leben zu wenig und zum Sterben zu viel. Zu wenig für große Sprünge und zu wenig, um den Enkelkindern etwas zuzustecken. Ein einsames Leben in der Einzimmerwohnung, möglicherweise in einer DDR-Plattenbausiedlung – das sind keine rosigen Aussichten für die Zukunft. Abgeschoben aufs anonyme Abstellgleis – ist das die Zukunft der Alten?

Das Pestel-Institut hat im Jahr 2006 drei Untersuchungen in Auftrag gegeben, mit deren Hilfe der künftige Wohnungsbedarf in Deutschland ermittelt werden sollte (Pestel-Institut 2007, S. 1). Zuletzt wurden die Wohnverhältnisse

der älteren Generation im Rahmen einer Stichprobener-
hebung im Jahr 2006 untersucht. Bei über einem Viertel
der privaten Haushalte war der Haushaltsvorstand 65 Jahre
oder älter. Das betraf 10,7 Mio. Haushalte mit 16,5 Mio.
Menschen. Das bedeutet, dass es sich bei 29 % der Haushalte um Seniorenhaushalte handelt. Weiter wird ausgeführt,
dass etwas weniger als die Hälfte der Seniorenhaushalte in
den eigenen vier Wänden wohnt. Davon leben 80 % im
Ein- oder Zweifamilienhaus. Fast drei Viertel wohnen in
Mehrfamilienhäusern mit einer durchschnittlichen Wohn-
fläche von 68,2 m². Natürlich haben die Hausbesitzer ein
höheres Nettoeinkommen als Mieter, nämlich mehr als ein
Drittel. Mieter und Hausbesitzer wohnen bereits 25 Jahre
oder länger in ihrer Wohnung. 1,3 Mio. pflegebedürftiger
Senioren werden zu Hause betreut. Das stellt höhere Anforderungen an die Wohnung.

Bezüglich der Einkommensbelastung gibt es nur Daten
der Mieter. Hier liegt die durchschnittliche Belastung des
Nettoeinkommens durch die Miete mit 25 % drei Prozentpunkte über dem Wert des Durchschnitts. 40 % der
Mieter bringen 30 % ihres Einkommens für die Kaltmiete
auf. Werden Heiz- und Nebenkosten in die Betrachtung
einbezogen, liegt die Einkommensbelastung der Senioren
für das Wohnen bei über 50 %. Wesentlich besser dürfte
die Situation bei den Besitzern entschuldeten Eigentums
sein. Doch auch hier gibt es Renovierungsbedarf und Sa-
nierungen, von denen die Besitzer schnell überfordert sein
können. Zusammenfassend heißt es:

Insgesamt zeigt sich heute – auch im Vergleich mit dem
Ausland – in Deutschland eine durchaus positive und
komfortable Wohnsituation der älteren Generation. Nicht

vergessen werden darf aber der Mangel an barrierefreien Wohnungen und die zum Teil sehr hohe Belastung des Nettoeinkommens durch das Wohnen bei Mietern und sicher auch bei einem kleineren Teil der Eigentümer. (Pestel-Institut 2007)

Wie bereits erwähnt gibt es verschiedene Modellrechnungen zur Entwicklung der Bevölkerung Deutschlands. Allen Szenarien gleich ist, dass die Bevölkerung im Rentenalter ansteigt und die Zahl der Erwerbstätigen abnimmt. Da über das zukünftige Renteneintrittsalter noch nicht allzu viel bekannt ist, richtet sich der Fokus auf die Bevölkerung, die 70 Jahre und älter ist. Diese dürfte 2035 (dem Bezugszeitraum der Untersuchung über Wohnen im Alter) im sicheren Ruhestand sein (Pestel-Institut 2007, S. 5). Einbezogen werden müssen weiterhin Veränderungen der Verbraucherpreise, Wohnkosten und Haushaltsnettoeinkommen (Pestel-Institut 2007, S. 6). In Bezug auf die Rente wurde von einer Absenkung von 20 % gegenüber dem heutigen Stand ausgegangen. 2006 betrug diese Eckrente bei der Einzahlung des Durchschnittsrentenbeitrags über 45 Jahre 1100 €. Die zukünftigen Rentenbezieher werden neben der Absenkung des Betrags gebrochene Erwerbsbiografien mit erheblichen Ausfallzeiten aufweisen. Das gilt beispielsweise für den Osten Deutschlands, der nach der politischen Wende einen rapiden Anstieg der Arbeitslosigkeit verzeichnete.

Nur wenige Jahre später erforderte die beginnende Globalisierung Flexibilität. Die lebenslange Bindung an ein Unternehmen ist heute aufgehoben. Demzufolge sind die Arbeitnehmer nur begrenzt in der Lage, private Altersvorsorge zu betreiben. Somit stellt sich auch die Frage nach dem Wohnen im Alter. Auch ein kleinerer Teil von Altersarmut betroffener Rentner kann die kommunalen Haushalte sehr belasten, denn diese sind im Rahmen der staatlichen Daseinsfürsorge für das Wohnen der Bürger verantwortlich. Dazu kommt ein dahinschmelzender Bestand von Sozialwohnungen. Das Pestel-Institut beendet seine Studie zum Wohnen im Alter mit folgenden interessanten Sätzen:

> Wenn diese ökonomischen Rahmenbedingungen so eintreten, dann steht Deutschland weniger vor einem Produktionsproblem als vielmehr vor einem enormen Verteilungsproblem, was in Grundzügen bereits in den vergangenen fünfzehn Jahren sichtbar wurde. Wenn in einem Land der wirtschaftlichen Potenz Deutschlands wachsende Teile der Bevölkerung ihren Lebensunterhalt mit ihrer Erwerbsarbeit nicht bestreiten können und die Versorgung von Transfereinkommensbeziehern zunehmend auch auf die Ausweitung der Angebote von Suppenküchen und Sozialkaufhäusern angewiesen ist, so ist dies eines Sozialstaats bzw. der Sozialen Marktwirtschaft nicht würdig. (Pestel-Institut 2007)

7

Gibt es ein Leben nach der Rente?

Die vergangenen Ausführungen haben gezeigt, dass es für die jetzigen und kommenden Generationen immer schwerer wird, Rentenpunkt für Rentenpunkt zusammenzukratzen. Dazu kommt der Anstieg der Lebensarbeitszeit. Wer weiß schon, ob es ihm überhaupt noch gestattet sein wird, in Rente zu gehen? Arbeiten bis 70 oder 80? Soll diese Vision in Zukunft Wahrheit werden? Und wie soll diese Vision in der Realität aussehen? Greise, die hochbetagt auf Baustellen herumkriechen? Arbeitsunfälle, die rapide ansteigen? Demenzkranke in der Verwaltung? Parkinsonpatienten als Chirurgen? Arbeiten bis zum Umfallen – so lautet die Devise der Zukunft. Das ist praktisch. Die Rente lässt sich dadurch ganz einsparen. Die Bürger werden finanziell und körperlich ausgequetscht wie eine Zitrone. Und wenn sie alt und krank sind, sollten sie möglichst schnell ableben, um niemandem zur Last fallen.

Doch was, wenn jemand vor dem Renteneintritt berufsunfähig wird? Krankheiten wie Multiple Sklerose, Diabetes oder Schlaganfall ändern das Leben von heute auf morgen. Aber auch Rückenprobleme machen immer mehr Menschen zu schaffen.

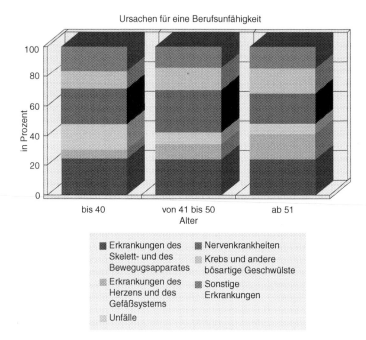

Abb. 7.1 Ursachen für Berufsunfähigkeit. aus. (Rübartsch und Gesellensetter 2011)

7.1 Berufsunfähigkeit – ein unterschätztes Risiko?

Angesichts der steigenden Arbeitsbelastung in vielen Branchen ist es wichtig, für den Fall der *Berufsunfähigkeit* Vorsorge zu treffen. Abb. 7.1 zeigt die Ursachen für eine Berufsunfähigkeit, unterteilt nach Altersgruppen.

Über alle Altersgruppen verteilt gehören Erkrankungen des Skelett- und Bewegungsapparats zu den häufigsten Ursachen von Berufsunfähigkeit. Ab 51 steigt das Risiko für Erkrankungen des Herzens und der Gefäße. Das Unfallrisiko sinkt mit zunehmendem Alter, was auf die steigende Berufserfahrung zurückzuführen ist. Zudem steigt mit dem Alter die Achtsamkeit. Die Gefahr für Nervenkrankheiten ist zwischen 41 und 50 mit dem höchsten Prozentsatz gegeben. Das Risiko, an Krebs zu erkranken, steigt mit zunehmendem Alter. Sonstige Erkrankungen halten sich die Waage. Natürlich gestaltet sich das Krankheitsrisiko von Branche zu Branche unterschiedlich. So ist das Risiko für Skeletterkrankungen im Baubereich, in der Pflege und bei der Gebäudereinigung besonders hoch. Nervenerkrankungen, wie der gefürchtete Burnout, sind im Sozialbereich besonders häufig zu finden. Herz- und Gefäßerkrankungen sind unter anderem abhängig von der Lebensweise und der Ernährung. Manager in leitenden Funktionen haben ein höheres Herzinfarktrisiko als der kleine Angestellte. Stress begünstigt auch Krebserkrankungen, wenngleich die genetische Disposition nicht zu unterschätzen ist.

Plötzliche Berufsunfähigkeit kann zu Armut führen. Dazu kommt, dass der Berufsunfähige seiner Situation hilflos ausgeliefert ist. Wird eine gesunde Person arbeitslos, besteht immer die Möglichkeit einer neuen Anstellung. Berufsunfähige erhalten im Idealfall eine staatlich geförderte Rehabilitation. In diesem Fall zahlt der Rententräger eine Umschulung bzw. Qualifikationsmaßnahme. So können Skelettkranke unter Umständen im Büro einen neuen Wirkungskreis finden, vorausgesetzt es sind ausreichend Arbeitsstellen vorhanden.

Ohne Vermögen oder eine andere Art der Absicherung ist die Berufsunfähigkeit der sichere Schritt in die Armut.

Die gesetzliche Erwerbsminderungsrente sieht 750 € als
Höchstsatz vor. Deshalb gehört die Berufsunfähigkeitsversicherung zu den wichtigsten Versicherungen überhaupt
und ist Bestandteil der privaten Vorsorge. Im Falle der Berufsunfähigkeit wird eine monatliche Rente gezahlt, deren
Höhe abhängig ist von den Einzahlungen. Allerdings ist es
gar nicht so einfach, eine einigermaßen günstige Berufsunfähigkeitsversicherung zu finden (Rübartsch und Gesellensetter 2011, S. 1). Viele Gesellschaften suchen sich die
Kunden sorgfältig aus, denn die zu zahlenden Summen
können sehr hoch werden.

Bevor der Kunde einen Vertrag unterschreibt, sollte er
die Vertragsklauseln und das Kleingedruckte genau stu-
dieren und eventuell untragbare Passagen herausstreichen
lassen. Viele Versicherungen zahlen nicht, wenn der Versicherte seinen erlernten Beruf nicht mehr ausüben kann und
stattdessen in dem erlernten Beruf ähnlichen Bereichen ar-
beitet, beispielsweise eine gelernte Grundschullehrerin, die
nicht mehr unterrichtet, sondern im Schulsekretariat arbei-
tet. Besonders treffend ist folgende Formulierung:

> Vollständige Berufsunfähigkeit liegt vor, wenn der Versi-
> cherte infolge Krankheit, Körperverletzung oder Kräfte-
> verfalls voraussichtlich oder tatsächlich für mindestens
> sechs Monate außerstande ist, seinen Beruf auszuüben. Be-
> rufsunfähigkeit liegt nicht vor, wenn der Versicherte eine
> andere, seiner Ausbildung, Erfahrung und bisherigen Le-
> bensstellung entsprechende berufliche Tätigkeit tatsächlich
> ausübt. (Rübartsch und Gesellensetter 2011, S. 2)

Auch die Beachtung von Zeitgrenzen ist wichtig. Die meisten Versicherungen beginnen die Rentenzahlung nach

sechs Monaten Berufsunfähigkeit. Wenn sich der Beginn der Rentenzahlung aus diversen Gründen verzögert, sollte der Kunde darauf achten, dass die Rente rückwirkend gezahlt wird.

Bei Vertragsabschluss müssen alle Krankheiten angegeben werden, beispielsweise Allergien oder gelegentliche Rückenprobleme, auch wenn dies zu Preisaufschlägen führt. Teilweise werden vorbelastete Kunden auch abgelehnt. Bleiben gesundheitliche Probleme bei Vertragsabschluss unerwähnt, können Versicherungen den Vertrag wegen arglistiger Täuschung anfechten.

Es ist sinnvoll, wenn die Berufsunfähigkeitsversicherung eine Dynamik beinhaltet. Mit den Beiträgen erhöhen sich die Prämien.

Alles in allem verhindert eine umsichtig abgeschlossene Versicherung Armut im Alter.

7.2 Werden wir zu emsigen Rentnern?

Entgegen dem Szenario der Berufsunfähigkeit gibt es viele Rentner, die sich weit nach Eintritt in den Ruhestand fit für die Arbeitswelt fühlen. Auch diese Gruppe kann sich somit vor Armut im Alter schützen.

Es gibt zahlreiche Jobs, die sich gut für Rentner eignen. Je nach gesundheitlichem Zustand umfassen diese die komplette Berufspalette. Arbeitgeber beschäftigen mitunter gern ihre Angestellten über die Rente hinaus, um deren Expertenwissen weiter zu nutzen. Das wird im Zeitalter des Fachkräftemangels noch bedeutsamer. Kurz: Trotz Jugendwahn stehen die Chancen gut, auch nach der Rente einen

Job zu finden. Rentner haben nämlich einen entscheidenden Vorteil: Sie sind versichert. Dem Arbeitgeber bleiben
somit die Ausgaben zur Sozialversicherung erspart. Aber
wie viel darf ein Rentner selbst steuerfrei dazuverdienen?

Zunächst gilt, dass Personen, die die Regelaltersgrenze
erreicht haben, unbegrenzt dazuverdienen dürfen. Wird
bereits vor dem Erreichen der Regelaltersgrenze eine Altersrente bezogen, gelten besondere Regelungen. Diese umfassen:

* Altersrente für langjährig Versicherte
* Altersrente für Schwerbehinderte, Berufs- oder Erwerbs-
  unfähige
* Altersrente wegen Arbeitslosigkeit oder nach Altersteil-
  zeit
* Altersrente für Frauen
* Altersrente für besonders langjährig Versicherte
* Altersrente für langjährig unter Tage beschäftigte Berg-
  leute (Deutsche Rentenversicherung 2014, S. 4)
  Weiterhin gilt: Die Regelaltersgrenze liegt bei vor dem
  1. Januar 1947 geborenen Versicherten bei 65 Jahren.
  Bei nach dem 31. Dezember 1946 Geborenen wird die
  Regelaltersgrenze schrittweise auf 67 Jahre angehoben
  (Deutsche Rentenversicherung 2014, S. 4 f.).

Im Falle der besonderen Regelungen wird die Altersrente
als Voll- oder Teilrente gezahlt. Als Hinzuverdienst zählt dabei der Bruttoverdienst bzw. -gewinn. Für Renten in voller
Höhe gilt in alten und neuen Bundesländern die Hinzu-
verdienstgrenze von 450 € (Deutsche Rentenversicherung
2014, S. 6). Übersteigt der Verdienst die Grenze, wird die

Teilrente ohne gesonderten Antrag gezahlt. Anders verhält es sich im umgekehrten Fall. Wird der Hinzuverdienst weniger, dann muss die höhere Leistung innerhalb von drei Kalendermonaten beantragt werden (Deutsche Rentenversicherung 2014, S. 6). Der arbeitende Rentner muss also keine Steuern abführen.

Doch nicht jeder Rentner ist mit langer Gesundheit gesegnet. Und entgegen vielen politischen Initiativen, welche die „Rente mit 70" propagieren, ist es nicht von der Hand zu weisen, dass mit dem Alter die Leistungsfähigkeit sinkt. Wie später noch erläutert wird, ist dies in den Genen einprogrammiert. Bereits mit dem 30. Lebensjahr baut die Muskelmasse ab. Es ist fast schon grotesk, sich einen 70-Jährigen auf der Baustelle vorzustellen. Möglichweise mit schlafwandlerischer Sicherheit als Dachdecker auf dem Spitzdach balancierend – in der Hand ein Stapel Steine. Auch die 70-jährige Oberstufenlehrerin ist eine gewöhnungsbedürftige Vorstellung. Die Politik wird die biologische Uhr nicht zurückdrehen.

Neben der Muskelmasse lässt auch die Konzentration nach, wodurch die Unfallgefahr steigt – und damit das Verletzungsrisiko und Krankheiten. Ein älterer Mensch erholt sich davon nicht so schnell wie ein junger Mensch. Daher ist es kein Wunder, dass die Angst vor Krankheiten steigt. Das folgende Kapitel gibt Aufschluss darüber, ob die Angst vor Krankheiten im Alter berechtigt ist.

8
Krankheit im Alter – geplantes Schicksal?

Die größte Angst vor dem Alter ist die Angst vor Krankheiten. Im Grunde liegt es klar auf der Hand: Wenn der Körper abbaut, geht auch die Gesundheit zurück. Die Wahrscheinlichkeit des Auftretens (schwerer) Erkrankungen erhöht sich. Ein Blick in wissenschaftliche Erkenntnisse bringt Erschreckendes zutage: Bereits ab 30 sinkt der Grundumsatz an Energie. Dass die Wissenschaft hier recht hat, lässt sich unschwer an der Körperfülle einiger Menschen erkennen. Dazu kommt, dass die Nervenbahnen die Reize langsamer weiterleiten (Ullmann 2012). Das Gehirngewicht nimmt ab. Mit anderen Worten: Das Gehirn schrumpft! Wer sich schon immer gewundert hat, warum er von Jahr zu Jahr vergesslicher wird, findet nun mit dem schrumpfenden Gehirn die Antwort. Auch die Konzentrationsfähigkeit lässt nach. So mancher weiß nun, warum er so schlecht zuhören kann, wenn andere etwas erzählen. Möglichweise ist etwas dran an der alten Weisheit, dass der liebe Gott nur für 27 Lebensjahre eine Garantie bereithält. Alles was danach kommt, ist eine gnädige Beigabe. Das waren die negativen Seiten des Alterns. Positiv ist, dass das Altern kein grausiges Schicksal sein muss. Jeder Mensch kann selbst etwas für seine Lebensqualität im Alter tun. Wennschon altern, dann bei guter Gesundheit.

8.1 Welche Krankheiten erwarten uns im Alter?

Auch wenn es zahlreiche Möglichkeiten gibt, das Alter bei guter Gesundheit zu erleben, bleiben bestimmte Krankheiten nicht aus. Es gibt Krankheitsbilder, die im Alter gehäuft auftreten. Doch zunächst sollen die wissenschaftlichen Thesen zur Gesundheit im Alter betrachtet werden.

Eigentlich ist davon auszugehen, dass die gesundheitlichen Risiken mit dem Alter ansteigen. Doch die Wissenschaft bietet dazu gegenläufige Thesen an:

* Die *Kompressionsthese* besagt, dass Menschen mit höherer Lebenserwartung länger gesund leben und schwere Krankheiten erst kurz vor dem Tod auftreten (Fries 1989). Die Menschen erfreuen sich demzufolge bis ins hohe Alter einer guten Gesundheit.
* Die *Expansionsthese* hingegen geht davon aus, dass die gesundheitlichen Risiken mit der Lebenserwartung steigen. So leben die Menschen länger, gleichzeitig sind sie aber auch länger krank (Guralnik 1991).

Welche der beiden Thesen tatsächlich zutrifft, konnte statistisch noch nicht belegt werden. Nach Berechnungen auf Basis der Ergebnisse der 11. koordinierten Bevölkerungsvorausberechnung, könnte sich die Zahl der Krankenhausbehandlungen bei sinkender Bevölkerung bis zum Jahr 2030 von 17 Mio. auf 19 Mio. Menschen erhöhen, wobei Männer wesentlich häufiger betroffen wären als Frauen (Statistische Ämter des Bundes und der Länder 2008, S. 10). Unterschiede gibt es auch im Hinblick auf die Altersstruktur. Bis zum Jahr 2020 wird jeder fünfte Krankenhausfall von der Altersgruppe der über 80-Jährigen verursacht. Im Jahr 2005 betraf dies nur jeden achten Fall (Statistische Ämter des Bundes und der Länder 2008, S. 13).

Alle genannten Zahlen beziehen sich auf die These, dass gesundheitliche Risiken mit dem Alter steigen. Träfe die Kompressionsthese zu, dann würden die Behandlungsquoten im Zeitraum von 2020 bis 2030 sinken (Statistische Ämter des Bundes und der Länder 2008, S. 13). So ist es von der zugrunde liegenden These abhängig, in welchem Ausmaß die Krankenhausbehandlungen sinken oder steigen.

Ähnliches gilt auch für die Pflegebedürftigkeit. Wird der momentane Status quo (nach Geschlecht getrennt und geschichtet nach Fünf-Jahres-Altersgruppen, auf Basis der Jahre 2003 und 2005, Grundlage 11. koordinierte Bevölkerungsvorausberechnung) auf die veränderte Bevölkerungsstruktur von 2020 bis 2030 übertragen (auf Basis konstanter Pflegequoten), dann ist es wahrscheinlich, dass die Pflegebedürftigkeit (Fälle) ansteigt:

> Nach den Ergebnissen dieser Vorausberechnung dürfte die Zahl von 2,13 Mio. Pflegebedürftigen im Jahr 2005 auf 2,40 Mio. im Jahr 2010 steigen. Im Jahr 2020 sind 2,91 Mio. Pflegebedürftige und im Jahr 2030 etwa 3,36 Mio. Pflegebedürftige zu erwarten. (Statistische Ämter des Bundes und der Länder 2008, S. 24)

Das bedeutet, dass der Anteil der Pflegebedürftigen im Zeitraum zwischen 2005 und 2020 um mehr als ein Drittel ansteigen wird. Bis zum Jahr 2030 ist von einem Anstieg um 74 % auszugehen (Statistische Ämter des Bundes und der Länder 2008, S. 24). Auch hier lassen sich ähnliche Verschiebungen bei den Altersstrukturen nachweisen. So waren 2005 33 % der Pflegebedürftigen 85 Jahre und älter. Diese Zahl wird im Jahre 2020 auf 41 % anschwellen. Im Jahre 2030 sind 48 % der über 85-Jährigen pflegebedürftig. Dafür nimmt der Anteil der Pflegebedürftigen, die jünger sind, als 60 Jahre ab.

Auch hinsichtlich des Anteils der Pflegebedürftigen gibt es ein optimistisches, wissenschaftliches Szenario, das davon ausgeht, dass das Pflegerisiko durch den medizinisch-technischen Fortschritt sinkt. Es verschiebt sich in ein höheres Alter, das der steigenden Lebenserwartung entspricht (Statistische Ämter des Bundes und der Länder 2008, S. 26). Obwohl das Risiko sinkt, steigt dennoch die Anzahl der Pflegebedürftigen:

> Demnach werden für das Jahr 2020 etwa 2,68 Mio. Pflegebedürftige und für 2030 ca. 2,95 Mio. erwartet. Der Anstieg beträgt somit 26 % bis 2020 und 39 % bis 2030. (Statistische Ämter des Bundes und der Länder 2008, S. 26)

Somit steigt der Anteil der Pflegebedürftigen in jedem Fall, unabhängig von dem zugrunde gelegten wissenschaftlichen Szenario. Jeder muss also damit rechnen, dass er irgendwann zum Pflegefall wird.

Welche Krankheiten hat er dann besonders zu befürchten? Dieser Frage sind Saß et al. (2009, S. 32) nachgegangen. Die ersten Jahre nach der Rente verbringt der Mensch meist bei recht guter Gesundheit, was sich mit zunehmendem Alter ändert. Damit stimmen die Untersuchungen der Autoren mit den Thesen über die Pflegehäufigkeit im Alter überein.

Ältere Menschen leiden zudem meist an mehreren Erkrankungen gleichzeitig (Multimorbidität). Diese Krankheiten sind häufig chronisch (Saß et al. 2009, S. 32). Die gehäufte Krankheitsneigung älterer Menschen konnte von den Forschern auf Basis des Mikrozensus nachgewiesen werden. Weiter heißt es:

> Neben der größeren Häufigkeit von Krankheiten sind die veränderte, oft unspezifische Symptomatik, der längere Krankheitsverlauf und die verzögerte Genesung wichtige Merkmale von Erkrankungen im Alter. […] Auch eine veränderte Reaktion auf Medikamente wird beobachtet. (Saß et al. 2009, S. 32)

Problematisch ist, dass die Krankheiten Hochbetagter nicht nur körperliche Beschwerden hervorrufen, sondern auch funktionelle und soziale Auswirkungen haben. Wichtige Organe arbeiten schlechter. Dazu gehören auch Sinnesorgane wie Ohren oder Augen. Ältere Menschen verlieren häufig ihre Mobilität und laufen damit Gefahr, in soziale Isolation zu geraten. Viele können ab einem bestimmten Alter ihre Lebensführung nicht mehr aufrechterhalten und benötigen Pflege.

Dem Zusammenhang von Gesundheit und Krankheit im Alter werden verschiedene Ursachen zugrunde gelegt. Dazu gehört zunächst die altersbedingte Veränderung von Organen und Organsystemen (Saß et al. 2009, S. 33). Die älteren Menschen sind weniger belastbar und anpassungsfähig. Auch das Immunsystem verschlechtert sich. Der Körper kann Krankheitserreger nur schlecht abwehren. Einige Krankheiten, z. B. Krebs, haben eine lange Latenzzeit und kommen erst im Alter zum Ausbruch. Gesundheitsprobleme wie Knochen-, Muskel,- oder Gelenkerkrankungen „altern mit" und können zu Folgeerkrankungen führen.

Auch Risikofaktoren wie Rauchen, Alkohol, Gifte und Lärm zeigen ihre Wirkung häufig erst spät. Dennoch vollzieht sich der Prozess des Alterns bei jedem individuell. Er ist abhängig von Geschlecht, Alter, Genen, sozioökonomischen Bedingungen und der Lebensweise. Generell dominieren im Alter Erkrankungen des Herz- und Kreislaufsystems sowie Krankheiten des Bewegungsapparats. Beim Bewegungsapparat stehen Bandscheiben-, Knochen- und Rückenleiden im Vordergrund. Die Diagnosen im Alter lauten häufig auf Hyperlipidämie (Fettstoffwechselstörung), Varikosis (Krampfadern), Zerebralarteriosklerose (Verkalkung der Gefäße im Gehirn), Herzinsuffizienz (Herzschwäche), arterielle Hypertonie (Bluthochdruck), Arthrose (Gelenkverschleiß) und Dorsopathie (Rückenbeschwerden) (Saß et al. 2009, S. 33).

Abbildungen 8.1 und 8.2 zeigen, dass auch bei den Krankenhausbehandlungen Herz- und Kreislauferkrankungen an erster Stelle stehen und Unterschiede zwischen Männern und Frauen bestehen. Die Erkrankungen der Männer sind teilweise durch schwerere Krankheitsverläufe gekennzeich-

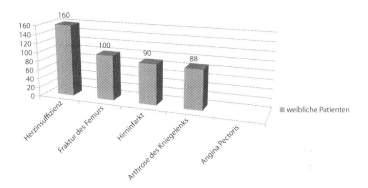

Abb. 8.1   Häufigste Diagnosen der aus dem Krankenhaus entlassenen vollstationären Patienten im Alter von 65 Jahren und älter (einschließlich Sterbe- und Stundenfälle in 1000, hier weiblich, 2006) (Femur = Oberschenkelknochen). (Saß et al. 2009, S. 34; Statistisches Bundesamt 2006)

net (Lungenkrebs, Herzinfarkt). Doch es ist nicht mehr so, dass der Herzinfarkt eine reine Männerkrankheit ist. Bei Frauen äußert sich ein Herzinfarkt durch andere Symptome.

Betrachtet man die Todesursachen, wird deutlich, dass im Jahr 2006 fast jeder fünfte Sterbefall auf ischämische Herzkrankheiten (19 %), darunter Herzinfarkt (8 %), zurückgeführt werden kann (Saß et al. 2009, S. 35).

Zusammenfassend lässt sich feststellen, dass die häufigsten Krankheiten im Alter den Bewegungsapparat sowie das Herz- und Kreislaufsystem betreffen. Sind diese Krankheiten mit dem Schicksal bzw. den Genen festgelegt, oder gibt es tatsächlich Möglichkeiten zur Prävention? Der folgende Abschnitt beschäftigt sich mit der Prävention.

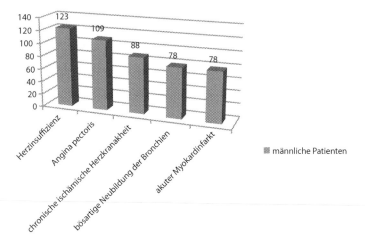

Abb. 8.2 Häufigste Diagnosen der aus dem Krankenhaus entlassenen vollstationären Patienten im Alter von 65 Jahren und älter (einschließlich Sterbe- und Stundenfälle in 1000, hier männlich, 2006). (Saß et al. 2009, S. 34; Statistisches Bundesamt 2006)

8.2 Wie hoch ist unsere Lebenserwartung?

Ein kluger Spruch, den man manchmal an Geburtstagen hört, lautet „Jeder Mensch möchte alt werden, keiner möchte alt sein." Wir haben also Angst vorm sterben und möchten am liebsten den gesundheitlichen Veränderungen dieses Prozesses aus dem Weg gehen. Im Idealfall möchte man quasi gesund sterben. Ohne Vorerkrankung, ohne Komplikationen. Realistisch ist das natürlich nicht. Diese unbewusste Erwartung steht sogar im Gegensatz zu dem, was die moderne Medizin zweifelsohne erreicht hat: eine deutlich erhöhte Lebenserwartung. Dieser Erfolg war maßgeblich möglich, durch die Erkenntnisse auf dem Gebiet der Virologie und Bakteriologie. Epidemien, die im Mittelalter die statistische Lebenserwartung deutlich gesenkt haben, sind selten geworden. In den Industrieländern sind sie nahezu undenkbar. Man denke an die erfolgreiche Prävention des Ebola-Virus in 2014, zumindest in Europa und Amerika.

Wir sterben also vor allem später und darum auch an anderen Krankheiten als die Menschen vergangener Epochen. Krankheitsverläufe können durch die moderne Medizin allerdings sehr stark in die Länge gezogen werden. Dies dient dann nicht immer dem Patienten. Die Lebenserwartung wird aber statistisch erhöht. Heute Neugeborene schaffen es damit auf eine Erwartung von über 90 Jahren Lebenszeit – im Durchschnitt! Auch Fortschritte im Bereich der Hygiene und Ernährung dürften ihren Teil dazu beigetragen haben.

Nach wie vor sterben Männer aber etwas früher als Frauen, was seine Ursachen in einer ungesünderen Lebensweise und gesundheitlich belastenderen Berufen des sog. starken Geschlechts haben dürfte. Markant ist dabei, dass die verkürzte Lebenserwartung der Männer durch eine höhere Sterblichkeit vor dem 60. Lebensjahr entsteht. Es ist also nicht so, dass alle Männer ein bisschen kürzer leben, sondern einige Männer viel kürzer als die meisten Frauen. Dies spricht für eine größere Neigung der Männer zur Entwicklung schwerer, nicht alterstypischer Erkrankungen, die wiederum teilweise durch den Lebensstil erklärbar sind. Man bedenke, dass die Lebenserwartung von Männern in Russland bei unter 65 Jahren liegt.

8.3 Wie kann man körperlichen Krankheiten vorbeugen?

Angesichts der ermittelten häufigsten Krankheiten im Alter sollte die Krankheitsprävention vor allem den Herzerkrankungen und den Erkrankungen des Bewegungsapparats gelten. Hier bestehen riesige Potenziale in der Steigerung der körperlichen Aktivität, der Senkung des Körpergewichts und dem Nichtrauchen (Saß et al. 2009, S. 40). Raucher besitzen generell eine höhere Sterblichkeit im Alter. Eine Umstellung der Ernährung hat Einfluss auf das Körpergewicht. Übergewicht ist bei älteren Menschen weit verbreitet:

> Laut Telefonischem Gesundheitssurvey 2003 waren 85 % der Männer und 79 % der Frauen im Alter von 60 bis 69 Jahren übergewichtig oder sogar adipös mit einem Body-Mass-Index (BMI) von 25 und mehr (Quotient aus Körpergroße in m und dem Gewicht (quadriert) in kg). Bei den 70-Jährigen und Älteren betraf dies immerhin noch 81 % der Männer und 78 % der Frauen. (Saß et al. 2009, S. 40)

Sowohl Ernährungsumstellung als auch Steigerung der körperlichen Aktivität beugen Übergewicht vor. Dadurch wird das Risiko für Herz- und Kreislauferkrankungen automatisch vermindert. Laut ärztlichen Empfehlungen sollte mindestens dreimal in der Woche Sport getrieben werden, sodass der Sportler leicht ins Schwitzen gerät. Noch besser ist eine halbe Stunde Sport täglich. Da mit dem Alter die Muskelmasse zurückgeht, sollte zusätzlich ein Muskeltraining erfolgen. Dieses beugt zahlreichen Erkrankungen des Bewegungsapparats vor bzw. verbessert bestehende Erkrankungen. Heute sind die meisten Fitnessstudios auf ältere Kundschaft eingerichtet. Die Fitnesstrainer stellen ein genaues Programm zusammen, das den Körper nicht belastet.

Gesunde Ernährung und Bewegung regulieren den Blutdruck ganz ohne Medizin. Hoher Blutdruck ist einer der wichtigsten Einflussfaktoren für Herz- und Kreislauferkrankungen. Beinahe die Hälfte der 70-Jährigen in Deutschland leidet unter hohem Blutdruck (Saß et al. 2009, S. 40). Dabei ist der Anteil unter Frauen höher. Der Fettstoffwechsel lässt sich durch eine Senkung der schädlichen Cholesterinwerte beeinflussen. Auch hier sind die Werte besonders bei Frauen zu hoch. Durch die Zuckerkrankheit (Diabetes mellitus Typ 2) wird die Gefahr der Arterienverkalkung erhöht. Dabei unterliegen besonders die über 60-Jährigen einem erhöhten Risiko unterliegen (Saß et al. 2009, S. 40). Auch hier gilt, dass gesunde Ernährung, Bewegung und Nichtrauchen die besten Vorbeugemethoden sind.

Problematisch ist das gleichzeitige Auftreten mehrerer Risikofaktoren (Saß et al. 2009, S. 41). Diese stehen miteinander in Wechselwirkung, was bedeutet, dass sich die Wirkungen potenzieren:

> Mehr als die Hälfte der 70- bis 84-jährigen Teilnehmerinnen und Teilnehmer der Berliner Altersstudie wiesen mindestens vier kardiovaskuläre Risikofaktoren auf. Die Anzahl der Risikofaktoren ist unter den 85-Jährigen und Älteren geringer, da ein Teil der Personen mit zahlreichen Risikofaktoren vermutlich schon verstorben ist. (Saß et al. 2009, S. 41).

Erkrankungen des Bewegungsapparats benötigen nochmals
eine gesonderte Prävention, denn diesen Erkrankungen liegen verschiedene Ursachen zugrunde:

> […], beispielsweise spezielle Belastungen im Berufsleben,
> Lebensstilfaktoren, hormonelle Ursachen und eine geneti-
> sche Disposition (Veranlagung). Oftmals wirken mehrere
> Faktoren zusammen, und nicht für alle Erkrankungen sind
> die Entstehungsmechanismen im Einzelnen geklärt. (Saß
> et al. 2009, S. 44)

Der Osteoporose (verstärkte Knochenbrüchigkeit) kann
durch eine ausreichende Versorgung mit Kalzium und Vi-
tamin D vorgebeugt werden (Saß et al. 2009, S. 41). Die
verstärkte Einnahme sollte mit dem 50. Lebensjahr beginnen. Doch auch bei Osteoporose ist körperliche Aktivität
wichtig. Zudem senken Alkohol in Maßen sowie Nichtrauchen das Risiko.

Ältere Menschen haben eine größere Neigung zum Stürzen. Das ist auf das Nachlassen der Beweglichkeit und
der Motorik zurückzuführen. Auch äußere Einflüsse wie
bestimmte Medikamente oder nachteilige Umweltbedingungen (glatter Fußboden) erhöhen die Gefahr. Sportliche
Übungsprogramme verbessern Motorik, Gleichgewichts-
sinn und Muskulatur.

Bereits in jungen Jahren klagen viele über Rückenschmerzen. Natürlich sind hier die Arbeitsbedingungen
ein großer Einflussfaktor. Wer viele Jahre schwer hebt, bekommt fast zwangsläufig Rückenprobleme. Und doch ist
die soziale Lage in unserer Gesellschaft der stärkste Risiko-

faktor für Rückenschmerzen (Saß et al. 2009, S. 45). Dies zeigt, wie sehr gerade diese Schmerzart mit der Psyche verbunden ist. Zur sozialen Lage gehören der Beruf, Bildung und das Einkommen. Der Verlauf dieser Krankheit ist abhängig von der Psyche. Depressionen, Ängste und negative Einstellungen begünstigen Rückenschmerzen.

Bei Krebs steigen die Neuerkrankungen mit dem Alter an. Die häufigsten Krebsdiagnosen betreffen bei Frauen die Brust oder die Lunge. Bei Männern sind es die Prostata, Darm, Lunge und Harnblase (Saß et al. 2009, S. 48). Prävention ist von überragender Bedeutung. Ärzte bieten hierfür Vorsorgeuntersuchungen an, die regelmäßig besucht werden sollten. Dabei gilt die Devise: Lieber einmal zu viel zum Arzt als einmal zu wenig. Auch das Nichtrauchen besitzt immense Bedeutung bei der Vermeidung von Krebs.

Besorgniserregend ist der massive Anstieg von Darmkrebsfällen, der zunächst bei unter 50-Jährigen in Amerika beobachtet wurde. Amerikanische Verhältnisse sind längst in Deutschland angekommen. Der Anstieg der Fälle wird auf den übermäßigen Genuss von Fast Food, rotem Fleisch (Rind-, Schweine- und Lammfleisch), Nikotin und Alkoholkonsum zurückgeführt. Der Verzicht auf diese Einflussfaktoren und der Verzehr von frischem Obst und Gemüse wirken dem Darmkrebsrisiko entgegen.

Die Ausführungen zeigen, dass die Lebensweise einen hohen Einfluss auf die Entstehung von Alterskrankheiten hat. Und weil jeder seines Glückes Schmied ist, kann jeder seine Lebensweise entsprechend umstellen. Bequemlichkeit kann hier wertvolle Lebensjahre kosten.

8.4 Kann man psychischen Krankheiten im Alter vorbeugen?

Zur psychischen Krankheit „Nr. 1" im Alter gehört die Demenz. Natürlich basiert diese psychische Krankheit auch auf körperlichem Versagen. Dabei steigt das Risiko einer solchen Erkrankung mit zunehmendem Alter. Im Jahre 2009 waren in Deutschland etwa 1 Mio. Menschen von einer mittelschweren oder schweren Demenz betroffen (Saß et al. 2009, S. 49) und konnten ihr Leben nicht mehr selbstständig führen. Den höchsten Anstieg gibt es bei Frauen zwischen dem 80. und 84. Lebensjahr (Saß et al. 2009, S. 50). Dies liegt daran, dass es weniger hochbetagte Männer gibt.

Es heißt, dass die Möglichkeiten präventiver Maßnahmen in Bezug auf Demenz begrenzt sind. Dennoch gibt es wichtige Erkenntnisse, die besagen, dass der übermäßige Genuss von Weizen und damit dem Inhaltsstoff Gluten die Entstehung von Demenz fördert (Perlmutter und Loberg 2014). Obwohl dies noch nicht wissenschaftlich belegt ist, sollte einer gesunden Ernährung besondere Aufmerksamkeit geschenkt und auf übermäßigen Alkohol- und Nikotinkonsum verzichtet werden. Auch wenn die Therapiemöglichkeiten bei Demenz begrenzt sind, so hat das Wissen über die Krankheit zugenommen. Es gibt eine ganze Reihe von Behandlungsmethoden und Medikamenten, die das Fortschreiten der Demenz verzögern. Dadurch kann die eigenständige Lebensführung der Betroffenen länger aufrechterhalten werden. Der große Durchbruch in Bezug auf die Behandlung von Demenz blieb allerdings bis heute aus.

Ältere Menschen sind oft niedergeschlagen, antriebslos und ohne Energie. Depressionen treten in unterschiedlichen Schweregraden auf. Sie können vorübergehen oder chronisch werden. Verschiedene Untersuchungen haben ergeben, dass bei 1–5 % der älteren Menschen eine schwere Depression vorliegt (Saß et al. 2009, S. 51). Das bedeutet, dass die Depressionsneigung im Alter nicht ansteigt. Alle Studien zur Depressionsneigung sind aber mit Einschränkung zu betrachten, weil immer die Besonderheiten der untersuchten Personen im Vordergrund stehen. So würde eine Studie, die ausschließlich Heimbewohner in die Betrachtung einbezieht, zu anderen Ergebnissen kommen. Patienten mit Depressionen haben eine hohe Suizidrate, die bei 500 bis 900 pro 100.000 Personen liegt, und 40–60 % aller Suizide sind auf Depressionen zurückzuführen (Saß et al. 2009, S. 52).

Suizide kommen aber auch ohne vorangegangene Depressionen vor. Die Ursachen können beispielsweise Erkrankungen oder der Verlust nahestehender Personen sein. Bei älteren Menschen ist die Suizidhäufigkeit stärker ausgeprägt als im Mittel aller anderen Altersgruppen. Bei Männern ist ab dem 75. Lebensjahr ein exponentieller Anstieg zu verzeichnen (Saß et al. 2009, S. 52). Die Todesursachenstatistik kann nicht zur Auswertung von Suiziden dienen, da viele Todesfälle nicht als Suizid angegeben sind. So können auch die Verweigerung der Nahrungsaufnahme und der eintretende Tod durch Verdursten ein Suizid sein.

Auch Depressionen kann vorgebeugt werden. Hier gilt es, die Ursachen des jeweiligen Patienten zu betrachten. Häufig führen Einsamkeit und soziale Isolation zum Verlust des Lebensmutes. Diese Einsamkeit resultiert nicht selten aus durch Krankheit eingeschränkter Mobilität. Der Verlust des Ehepartners ist bei vielen älteren Menschen der erste Schritt in die Isolation. Wichtig ist, dass sich der Betroffene Hilfe sucht. Zielführend sind auch Freunde oder Angehörige, welche die zunehmende Isolation bemerken und Lösungen anbieten. So kann es unter Umständen besser sein, wenn der depressive Patient in ein Heim bzw. Betreutes Wohnen umzieht, damit er mit anderen in Kontakt kommt. Zahlreiche Freizeitangebote strukturieren den Tag.

Aber auch eine medikamentöse Therapie ist in der Lage, dem Patienten den Antrieb zurückzugeben. Mithilfe der Medikamente werden die entsprechenden Botenstoffe im Gehirn stimuliert. Medikamente helfen auch bei krankheitsbedingten Depressionen, beispielsweise ausgelöst durch die im Alter verbreitete Parkinson-Krankheit (Schüttellähmung), bei der Dopaminbotenstoffe des Gehirns nur noch bedingt vorhanden sind. Mit der entsprechenden Medikation lässt sich die Ausschüttung der Stoffe verbessern. Die Stimmung steigt, und der Patient hat eine bessere Lebensqualität.

Es lohnt sich also in jedem Fall Hilfsangebote zu eruieren und zu nutzen. Neben den lebensverkürzenden Folgen schwerer Krankheiten kosten diese viel Geld.

9

Was kosten Krankheit und Pflegebedarf?

Jeder muss heute davon ausgehen, entweder mit der Pflege seiner Angehörigen oder der eigenen Pflegebedürftigkeit konfrontiert zu werden. Deshalb beschäftigt sich das vorliegende Kapitel mit den Kosten von Krankheit und Pflegebedarf. An dieser Stelle drängt sich wieder die Frage in den Vordergrund, ob Arme früher sterben müssen.

9.1 Ist Sterben teuer?

Es heißt, nicht das Alter, sondern das Sterben sei teurer geworden. Diese Feststellung bezieht sich auf den zeitlichen Abstand zum Tod, der die Kosten des Gesundheitswesens drastisch erhöht (Nöthen 2011, S. 665). So entstehen die höchsten Krankheitskosten in den letzten Lebensmonaten eines Menschen. Das gilt unabhängig vom Lebensalter. Setzt man dieser These die steigende Lebenswartung zugrunde, dann wird deutlich, dass sich die Kosten durch die größer werdende Anzahl Hochbetagter weiter erhöhen.

Im Jahre 2008 wurden in Deutschland 254,3 Mrd. € für den Erhalt der Gesundheit und die Linderung von Krankheiten ausgegeben. Die Hälfte dieser Summe kam der Al-

tersgruppe ab 65 Jahren zugute (Nöthen 2011, S. 665).
Genauer heißt das:

> Während die Pro-Kopf-Krankheitskosten der Altersgrup-
> pen bis zu 64 Jahren unter dem allgemeinen Durchschnitt
> von 3100 Euro liegen, sind sie in der Altersgruppe von
> 65 bis 84 Jahren mehr als doppelt so hoch (6520 Euro)
> und danach mit 14 840 Euro fast fünfmal so hoch wie der
> Durchschnitt. (Nöthen 2011, S. 666)

Folgt man dieser These, dann liegt es klar auf der Hand,
dass der demografische Wandel zu einer Zunahme der Gesundheitskosten führt. Das stimmt nicht ganz, denn an
dieser Stelle kommen wieder die unterschiedlichen wissenschaftlichen Thesen (Expansions- und Kompressionsthese)
zum Tragen, die von unterschiedlichen Voraussetzungen
ausgehen:

> Darüber, dass die Zahl der Älteren in Zukunft zunehmen
> wird, herrscht in der Literatur Konsens. Strittig ist hinge-
> gen, wie sich vor dem Hintergrund der steigenden Lebens-
> erwartung der allgemeine Gesundheitszustand und damit
> die Kosten entwickeln werden: Nehmen sie mit den ge-
> wonnenen Jahren weiter zu, verschieben sie sich infolge ei-
> nes besseren Gesundheitszustands in ein höheres Alter oder
> gehen sie aufgrund des erwarteten Bevölkerungsrückgangs
> sogar zurück? (Nöthen 2011, S. 666)

Zur Wiederholung sei hier nochmal gesagt, dass die Vertre-
ter der Expansionsthese von der Annahme ausgehen, dass
die zusätzlichen Lebensjahre krank verbracht werden. Dadurch steigen die Kosten. Die Kompressionsthese geht da-

von aus, dass sich die Lebenszeit, die in Krankheit verbracht wird, künftig verkürzt. Der Kostenanstieg verschiebt sich damit ins hohe Alter, also in den Zeitraum kurz vor dem Tod. Damit entstehen die Kosten nicht durch das Alter, sondern durch das Sterben.

Für Nöthen (2011) war es naheliegend, die Gesundheitskosten im Alter anhand der Krankenhauskosten (stationären Behandlungen) nachzuweisen. Das Material ist statistisch gesichert. Zudem ist davon auszugehen, dass nur „ernste" Fälle eine stationäre Behandlung genießen. Nöthen (2011, S. 668) hat so die Häufigkeit, die Kosten und die Verweildauern der letzten Krankenhausbehandlung vor dem Tod bestimmt und diese mit regulären Krankenhausentlassungen verglichen. Aus inhaltlicher Sicht ist zu sagen, dass in Krankenhäusern die höchsten Gesundheitskosten anfallen – über ein Viertel des Gesamtvolumens. Zudem ereignen sich in Krankenhäusern fast die Hälfte der jährlichen Sterbefälle, und die Inanspruchnahme von Krankenleistungen ist kurz vor dem Tod besonders intensiv (Nöthen 2011, S. 668).

17,9 Mio. Menschen wurden 2008 bundesweit in Krankenhäusern behandelt. Dabei war der Anteil älterer Menschen ab 65 Jahren doppelt so hoch wie ihr Anteil an der Bevölkerung. 400.000 dieser Patienten starben während des Krankenhausaufenthalts (Nöthen 2011, S. 668). 82 % der Sterbefälle betraf ältere Menschen. Abbildung 9.1 zeigt die Behandlungskosten in Krankenhäusern getrennt nach Altersgruppen. Daraus ist ersichtlich, dass die Behandlungskosten mit dem Alter ansteigen. Die Behandlungskosten erreichen ihr Maximum bei Patienten zwischen 65 und 84 Jahren. Danach sinken die Kosten wieder. Werden nur

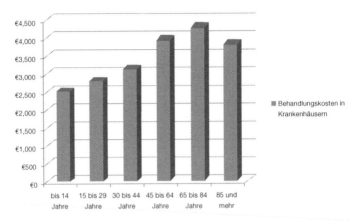

Abb. 9.1 Behandlungskosten in Krankenhäusern in Euro 2008 nach Altersgruppen/pro Krankenhausbehandlung. (Nöthen 2011, S. 668)

die Kosten für Sterbefälle betrachtet, gibt es einen immensen Unterschied zu den regulären Entlassungen:

> Bei einem Sterbefall sind die Behandlungskosten mit durchschnittlich 8650 Euro 2,4-mal so hoch wie die bei einer Entlassung (3 610 Euro). (Nöthen 2011, S. 668)

Besonders hoch sind die Kosten bei Sterbefällen von Kindern und jungen Erwachsenen. Auffallend ist, dass die Sterbekosten mit steigendem Alter zurückgehen.

Die meisten Studien kommen also zu dem Schluss, dass ein Großteil der Krankheitskosten, die im Laufe des Lebens entstehen, erst im letzten Jahr vor dem Tod steigen. Somit würde allein die Restlebenszeit die Kostenverteilung der Krankheitskosten bestimmen – und das unabhängig vom chronologischen Lebensalter (Nöthen 2011, S. 671).

Dennoch machen die Sterbefälle nur 5,2 % der Gesamtkosten von Krankenhäusern aus. Das kann wiederum auf das Datenmaterial zurückgeführt werden, das nur einen Ausschnitt abbildet (Nöthen 2011, S. 671).

Die Ergebnisse der Krankenhausstudie von Nöthen wurden dann auf den demografischen Wandel übertragen. Dabei wurden wieder die Expansions- und die Kompressionsthese beachtet.

Zusammenfassend kann gesagt werden, dass die Zukunft unberechenbar ist. Die Kosten für die kommenden Generationen können nicht realitätsgetreu vorausberechnet werden. Dennoch ist davon auszugehen, dass die Kosten anwachsen werden. Das geschieht jedoch nicht explosionsartig. Somit können Katastrophenmeldungen, die vom Kollaps des Gesundheitssystems ausgehen, revidiert werden (Nöthen 2011, S. 674). Die demografische Entwicklung ist nur ein Faktor unter anderen, die einen Einfluss auf die Kostenentwicklung nehmen. Weitere Faktoren sind der medizinisch-technische Fortschritt, der rechtliche Rahmen, mögliche Ausweitungen der Leistungen oder die Morbiditätsentwicklung (Nöthen 2011, S. 674).

Als Fazit dieses Abschnitts bleibt die Tatsache, dass wir zwar alle sukzessive mit einem längeren Leben rechnen können, aber nur zum Preis einer erhöhten Pflegebedürftigkeit und längeren Krankheitsphasen im Alter. Jegliche Präventionsversuche sind zwar sinnvoll, müssen jedoch um erfolgreich zu sein bis ins hohe Alter durchgehalten werden. Inwiefern dies für den Einzelnen letztlich einen Verlust an Lebensqualität durch den Verzicht auf Genussmittel und Bequemlichkeit bedeutet, bleibt der individuellen Bewertung überlassen.

9.2 Was man über Pflegebedürftigkeit wissen sollte?

Es wurde bereits mehrfach erwähnt, dass jeder davon ausgehen kann, dass entweder er selbst oder seine Angehörigen irgendwann der Pflege bedürfen. Das ist auf den demografischen Wandel und den technisch-medizinischen Fortschritt zurückzuführen. Die Regierung hat zu diesem Zweck eine neue Säule der Sozialversicherung initiiert: die Pflegeversicherung.

Die Pflegeversicherung wurde 1995 in Deutschland eingeführt. Angesichts des demografischen Wandels wurde jeder Bundesbürger verpflichtet, den Fall der Pflegebedürftigkeit versicherungstechnisch abzusichern. Die Pflegeversicherung bildet somit neben der gesetzlichen Unfall-, Kranken-, Renten- und Arbeitslosenversicherung die fünfte Säule der Sozialversicherung. Das bedeutet, dass jede gesetzliche Krankenkasse und jede private Krankenversicherung verpflichtet sind, eine Pflegeversicherung anzubieten.

9.2.1 Was ist Pflegebedürftigkeit?

Das Bundesministerium für Gesundheit definiert Pflegebedürftigkeit folgendermaßen:

Pflegebedürftig sind Personen, die wegen einer körperlichen, geistigen oder seelischen Krankheit oder Behinderung in erheblichem oder höherem Maße der Hilfe bedürfen. Nach der Definition des Pflegeversicherungsgesetzes sind damit Personen erfasst, die wegen einer körperlichen, geistigen oder seelischen Krankheit oder Behinderung im Bereich der Körperpflege, der Ernährung, der Mobilität und der hauswirtschaftlichen Versorgung auf Dauer – voraussichtlich für mindestens sechs Monate – in erheblichem oder höherem Maße der Hilfe bedürfen. (Bundesministerium für Gesundheit 2014a)

Die Definition zeigt, dass sich die Pflegebedürftigkeit nicht nur auf körperliche Krankheiten beschränkt. Auch seelische Erkrankungen (z. B. Depressionen) können eine Pflege erforderlich machen. Zudem wird deutlich, dass Pflegebedürftigkeit kein Stigma bzw. endgültiges Urteil ist. Pflegebedürftigkeit kann eine vorübergehende Angelegenheit sein, besonders in jüngeren Jahren. Im Alter allerdings ist davon auszugehen, dass die Pflegebedürftigkeit auf Lebenszeit besteht.

Die Erfahrungen der letzten Jahre haben gezeigt, dass sich Pflegebedürftigkeit in der Realität viel differenzierter zeigt, als dies mit der derzeitigen Einordnung erfasst wird. So wurde im Koalitionsvertrag vom November 2013 eine Neudefinition von Pflegebedürftigkeit beschlossen, die den zahlreichen Facetten der Pflegebedürftigkeit gerecht werden soll. Dadurch soll die konkrete Lebenssituation der Betroffenen stärker in die Betrachtung einbezogen werden. Im Zuge dessen wird ein neues Begutachtungsverfahren in Kraft treten (Bundesministerium für Gesundheit 2014a). In diese Neudefinition fließen auch Einschränkungen ein, die bei Demenzkranken vorkommen. Bevor das neue Begutachtungsverfahren gesetzlich festgeschrieben wird, erfolgt eine Erprobungsphase. Die Ergebnisse sollen Anfang 2015 vorliegen.

9.2.2 Welche Pflegestufen gibt es?

Bevor die Neudefinition von Pflegebedürftigkeit legitimiert ist, gelten die jetzigen Richtlinien, welche die Pflegebedürftigen in drei Stufen einordnen. Diese Pflegestufen entsprechen dem Umfang des Hilfebedarfs (Bundesministerium für Gesundheit 2014b). Die Höhe der Leistungen unterscheidet sich ebenfalls nach den Pflegestufen.

Neben den drei regulären Pflegestufen gibt es auch eine *Pflegestufe 0*. Diese Einordnung existiert seit dem 1. Juli 2008. Demnach können Personen, welche die Voraussetzungen für die Pflegestufe I nicht erfüllen, einen Betreuungsbetrag in Höhe von 100 oder 200 € im Monat erhalten (Bundesministerium für Gesundheit 2014b). Mit dem neuen, geplanten Pflegegesetz sollen zudem die Zahlungen für Pflegestufe 1 und 2 aufgestockt werden.

Im Folgenden werden die Pflegestufen kurz erläutert.

* *Pflegestufe I* ist durch erhebliche Pflegebedürftigkeit gekennzeichnet:

    Erhebliche Pflegebedürftigkeit liegt vor, wenn mindestens einmal täglich ein Hilfebedarf bei mindestens zwei Verrichtungen aus einem oder mehreren Bereichen der Grundpflege (Körperpflege, Ernährung oder Mobilität) erforderlich ist. Zusätzlich muss mehrfach in der Woche Hilfe bei der hauswirtschaftlichen Versorgung benötigt werden. Der wöchentliche Zeitaufwand muss im Tagesdurchschnitt mindestens 90 min betragen, wobei auf die Grundpflege mehr als 45 min entfallen müssen. (Bundesministerium für Gesundheit 2014b)

* *Pflegestufe II* liegt bei Schwerpflegebedürftigkeit vor:

Schwerpflegebedürftigkeit liegt vor, wenn mindestens dreimal täglich zu verschiedenen Tageszeiten ein Hilfebedarf bei der Grundpflege (Körperpflege, Ernährung oder Mobilität) erforderlich ist. Zusätzlich muss mehrfach in der Woche Hilfe bei der hauswirtschaftlichen Versorgung benötigt werden. Der wöchentliche Zeitaufwand muss im Tagesdurchschnitt mindestens drei Stunden betragen, wobei auf die Grundpflege mindestens zwei Stunden entfallen. (Bundesministerium für Gesundheit 2014b)

* *Pflegestufe III* bedeutet Schwerstpflegebedürftigkeit:

Schwerstpflegebedürftigkeit liegt vor, wenn der Hilfebedarf bei der Grundpflege so groß ist, dass er jederzeit gegeben ist und Tag und Nacht (rund um die Uhr) anfällt. Zusätzlich muss die pflegebedürftige Person mehrfach in der Woche Hilfe bei der hauswirtschaftlichen Versorgung benötigen. Der wöchentliche Zeitaufwand muss im Tagesdurchschnitt mindestens fünf Stunden betragen, wobei auf die Grundpflege (Körperpflege, Ernährung oder Mobilität) mindestens vier Stunden entfallen müssen. (Bundesministerium für Gesundheit 2014b)

Wenn Pflegestufe III in Kraft tritt, besteht zusätzlich die Möglichkeit einer Härtefallregelung. In diesem Fall gibt es höhere Sachleistungen. Mithilfe der Zahlungen aus der Pflegestufe kann ein ambulanter Pflegedienst bezahlt werden.

Tab. 9.1 Zahlungen der Pflegeversicherung. (Eigene Darstellung nach http://www.der-ambulante-pflegedienst.de/preise.html, Zugriff am 13.9.2014)

Pflegestufen	Sachleistungen	Geldleistungen
Pflegestufe I: erheblich pflegebedürftig	450 €	235 €
Pflegestufe II: schwer pflegebedürftig	1100 €	440 €
Pflegestufe III: schwerstpflegebedürftig	1550 €	700 €
Härtefälle	1918 €	

9.2.3 Was kostet ein ambulanter Pflegedienst?

Patienten, denen eine Pflegestufe zugeordnet wurde, haben die Möglichkeit, einen ambulanten Pflegedienst mit der Pflege zu beauftragen. Alternativ kann die Pflege auch durch die Angehörigen erfolgen.

In Tab. 9.1 sind die Zahlungen der Pflegeversicherung nach SGB XI aufgeführt. Um Leistungen der Pflegeversicherung beziehen zu können, muss die Person als pflegebedürftig anerkannt sein. Vorher sollte bei der Pflegekasse ein Antrag auf Leistungserbringung gestellt werden. Die Pflegestufe wird dann durch einen Medizinischen Dienst der Krankenversicherung (MDK) festgestellt. Dazu werden Hausbesuche durchgeführt. Kosten, die über die Leistungen der Pflegeversicherung hinausgehen, müssen vom Patienten selbst übernommen werden. Alternativ kann ein Antrag auf Kostenübernahme durch das Sozialamt gestellt werden. Auf diesen konkreten Fall wird unten genauer eingegangen. Wenn die Sachleistungen nicht voll ausgeschöpft werden, besteht die Möglichkeit, die Sachleistungen auf Kombinationsleistungen umzustellen. In diesem Fall wird ein anteiliges Pflegegeld gezahlt.

Grundsätzlich definieren sich Sachleistungen als Pflegeeinsätze durch professionelle Pflegekräfte (http://www.der-ambulante-pflegedienst.de/preise.html, Zugriff am 13.9.2014).

Über Geldleistungen heißt es:

> Die Geldleistung wird als Pflegegeld gezahlt, wenn Angehörige oder Freunde die nötige Grundpflege und die hauswirtschaftliche Versorgung übernehmen. Pflegegeldempfänger sind verpflichtet einen Pflegekontrolleinsatz nach § 37/3 Abs. 3 SGB XI von einem zugelassenen Pflegedienst durchführen zu lassen. Er dient zur Sicherstellung der Qualität der häuslichen Pflege. (http://www.der-ambulante-pflegedienst.de/preise.html, Zugriff am 13.9.2014)

Leistungen der Behandlungs- und Grundpflege und der hauswirtschaftlichen Versorgung laut § 37/1 und § 37/2 SGB V werden vom behandelnden Arzt auf Basis der Verordnung für häusliche Krankenpflege verschrieben. Dabei sind nur die Maßnahmen verordnungsfähig die im Richtlinienkatalog § 92 SBG V enthalten sind. Leistungen, die in diesem Katalog enthalten sind, werden von der Krankenkasse übernommen. Werden die Leistungen abgelehnt, müssen sie privat bezahlt werden.

Die Sozialämter sind nach dem Bundessozialhilfegesetz für folgende Leistungen zuständig:

* Krankenhilfe bzw. Behandlungspflege (laut § 37 BSHG)
* Blindenhilfe
* Pflegegelder auch bei Pflegestufe 0

Die Leistungen des Sozialamtes sind vom Einkommen abhängig.

Tab. 9.2 gibt einen Überblick über die Preise von Sachleistungen.

Zusammenfassend kann gesagt werden, dass die ambulante, häusliche Pflege zahlreiche Leistungen umfasst, die auch im Pflegeheim geleistet werden. Der Patient hat hier den entscheidenden Vorteil, dass er im vertrauten Umfeld verbleiben kann.

In Tab. 9.3 werden die üblichen Leistungen ambulanter Pflegestationen aufgelistet.

Für Angehörige bzw. Pflegebedürftige, die unsicher sind, welche Leistungen ihnen zustehen, oder die Schwierigkeiten beim Ausfüllen der Antragsformulare haben, besteht die Möglichkeit, den sozialmedizinischen Dienst in Anspruch zu nehmen. Jede Kommune besitzt einen solchen Dienst, der in Bezug auf die Pflegebedürftigkeit beratend zur Seite steht. Häufig ist ein solcher Dienst den Krankenhäusern angegliedert. Angehörige des Dienstes suchen die Pflegebedürftigen zudem in ihrem Lebensumfeld auf und sondieren Möglichkeiten zur Barrierefreiheit (z. B. rutschfeste Unterlage in Dusche, Sitz in Dusche, Kissen mit Federn zum Schwungholen). Wenn der ambulante Pflegedienst nicht mehr ausreichend ist, weil die Pflegebedürftigkeit zu hoch ist bzw. keine Angehörigen vorhanden sind, dann ist die Unterbringung des Pflegebedürftigen in einem Pflegeheim sinnvoll.

Tab. 9.2   Sachleistungen nach SGB XI. (Eigene Darstellung nach http://www.der-ambulante-pflegedienst.de/preise.html,   Zugriff am 13.9.2014)

Leistungsgruppe	Leistung	Kosten
LK 1	Kleine Morgen- oder Abendtoilette, mit Aufstehhilfe	12,91 €
LK 2	Kleine Morgen- oder Abendtoilette	10,99 €
LK 3	Große Morgen- oder Abendtoilette, mit Aufstehhilfe	21,03 €
LK 4	Große Morgen- oder Abendtoilette	18,16 €
LK 5	Betten, Lagern, Mobilisieren	5,26 €
LK 6	Hilfe bei der Nahrungsaufnahme	12,91 €
LK 7	Sonderkosten bei PEG	9,56 €
LK 8	Darm- und Blasenentleerung	5,74 €
LK 8 a	Darm- und Blasenentleerung neben LK 1 bis 4	2,86 €
LK 9	Hilfestellung beim Verlassen und Wiederaufsuchen der Wohnung	5,74 €
LK 10	Begleitung bei Aktivitäten	28,68 €
LK 11	Häusliche Betreuung	23,90 €
LK 12	Reinigung der Wohnung max. pro Woche	4,78 € 28,68 €
LK 13	Wechseln und Waschen der Wäsche max. pro Woche	2,39 € 14,34 €
LK 13a	Wechseln der Bettwäsche	2,63 €
LK 14	Einkaufen max. pro Woche	2,68 € 17,16 €
LK 15	Zubereitung einer warmen Mahlzeit	12,91 €

Tab. 9.2 (Forsetzung)

Leistungsgruppe	Leistung	Kosten
LK 16	Zubereitung einer sonstigen Mahlzeit	
	1. Einsatz	2,82 €
	2. Einsatz	3,35 €
	3. Einsatz	2,86 €
LK 17	Einsatz nach § 37/3	
	Stufe I und II	21,00 €
	Stufe III	31,00 €
LK 18	Erstbesuch	43,02 €
	Einsatzpauschale 2x pro Tag	4,18 €

9.2.4 Was kostet das Pflegeheim?

Wenn eine Betreuung zu Hause nicht mehr möglich ist, fallen Kosten für ein Pflegeheim an. Diese können hier nicht verbindlich angegeben werden, weil es unterschiedliche Heime gibt. So können sich besser gestellte Pflegebedürftige einen teuren und komfortableren Heimplatz leisten. Auch für einen Platz im Pflegeheim muss zunächst die Pflegebedürftigkeit durch den Medizinischen Dienst ermittelt werden. Die Pflegeheimkosten richten sich nach dem Pflegeaufwand.

In Tab. 9.4 werden die Zahlungen der Pflegeversicherung den möglichen Pflegeheimkosten gegenübergestellt. Hierbei zeigt sich eine große Differenz zwischen den Zahlungen der Pflegeversicherung und den Kosten für das Pflegeheim. Preise für das Pflegeheim umfassen Kosten für Unterkunft, Verpflegung und Pflege. Die Preise bewegen sich zwischen 65 und 120 € am Tag (Münchner Verein 2012).

Tab. 9.3 Leistungen der ambulanten Krankenpflege. (Eigene Darstellung nach http://www.der-ambulante-pflege-dienst.de/preise.html, Zugriff am 13.9.2014)

Häusliche Pflege	Medizinische Behandlung und Fachkrankenpflege	Hauswirtschaft	Sonstige Leistungen
Unterstützung bei der Körperpflege und beim Ankleiden	Überwachung des Gesundheitszustands	Reinigung des Lebensbereichs	z. B. Vermittlung Fußpflege
Unterstützung beim Baden und Duschen	Messung von Puls, Temperatur, Atmung und Blutzucker	Abfallentsorgung	Besuchs-, Begleit- und Einkaufsdienst
Prophylaktische Maßnahmen (Dekubitusprophylaxe, Pneumonieprophylaxe usw.)	Verabreichen von Medikamenten		Organisation von Pflegehilfsmitteln
Körperpflege und Lagerung	Wundpflege und Behandlung		Beratungsgespräche nach § 37 Abs. 3 SGB XI
Vermeidung von Infektionen	Verbände		Kooperation mit anderen Institutionen (z. B. Essen auf Rädern, Friseur, Amt für soziale Dienste)
Beratung der Angehörigen	Injektionen		
Ernährungsberatung und Überwachung	Überwachung von Infusionstherapien		
Hilfe beim Gehen	Überwachung von zentralen Venenkathetern und Ports		
	Parenterale Ernährung		
	Katheterisieren der Blase, Blasenspülung und Katheterpflege		
	Vorbereitung und Durchführung von Einläufen, Klysmen und Darmspülungen		
	Verabreichung von Nahrung mittels Sonde		
	Pflegemaßnahmen bei Stoma- und Anuspraeeterträgern		
	Überwachung von Drainagen		
	Pflegemaßnahmen bei Tracheostoma		
	Pflege und Überwachung nach ambulanten Eingriffen		
	Schmerztherapie		
	Tumornachsorge		
	Sterbebegleitung		

Tab. 9.4 Gegenüberstellung der monatlichen Kosten für einen Pflegeheimplatz und der Zahlungen der Pflegeversicherung. (Eigene Darstellung nach Münchner Verein 2012

Pflegestufe	Zahlungen der Pflege-versicherung	Kosten des Pflegeheim-platzes
Pflegestufe I	1023 €	2500 €
Pflegestufe II	1079 €	3000 €
Pflegestufe III	1550 €	3500 €

In diesem Zusammenhang ist die Frage interessant, ob Kinder für ihre Eltern aufkommen müssen, wenn diese nicht zahlen können. Dies ist tatsächlich Fall, wenn auch in einem zumutbaren Rahmen (Fehling 2014). Das gilt auch dann, wenn die Eltern den Kontakt zu ihren Kindern abgebrochen haben, sie bis auf den Pflichtteil enterbt und ihre Unterhaltspflicht vernachlässigt haben. Doch in welchem Fall tritt die Zahlungspflicht der Kinder ein? Solange sich die Eltern in ihrer eigenen Wohnung selbst versorgen, müssen die Kinder keinen Cent zahlen. Wenn die Rente nicht reicht, dann besteht die Möglichkeit, Sozialhilfe zu beantragen. Die Kinder werden erst zur Zahlung herangezogen, wenn die Eltern pflegebedürftig werden und in ein Heim müssen. Noch ehe die Kinder zahlen, werden das Einkommen der Eltern und die Zahlungen aus der Pflegeversicherung addiert.

Doch, wie oben erwähnt, reichen die Zahlungen aus der Pflegeversicherung und das Einkommen häufig nur für die Hälfte der anfallenden Kosten. Die andere Hälfte muss aus anderen Quellen kommen (Fehling 2014). Dabei ist auch das Vermögen des Pflegebedürftigen ein wichtiger Faktor.

Dieses muss ebenfalls aufgebraucht sein, ehe die Angehörigen zahlen müssen. Noch vor den Kindern ist der Ehepartner in der Unterhaltspflicht. Dabei kann sich der Ehepartner auf seinen Selbstbehalt berufen, der momentan bei Nichterwerbstätigen 960 € und bei Erwerbstätigen 1050 € beträgt. Die Kinder werden also von den Sozialämtern zur Zahlung aufgefordert, wenn Einkommen, Zahlungen aus der Pflegeversicherung, Vermögen und eventuelle Zahlungen des Ehepartners nicht ausreichend sind (Fehling 2014).

Der Selbstbehalt ist dabei vom Einzelfall abhängig. Fakt ist aber, dass nur derjenige zahlen muss, der über ein gutes Einkommen verfügt. Es gibt keine feste Größe. Bei alleinstehenden Personen liegt der Selbstbehalt bei 1600 € im Monat. Ehepaare bekommen 2.880 € als Selbstbehalt zugestanden (Fehling 2014). Dazu wird nochmals die Hälfte des über diesen Wert gehenden Einkommens angerechnet. Unterhaltsverpflichtungen für Kinder und Frauen können ebenfalls abgezogen werden. Dazu kommen Zins- und Tilgungsleistungen für eigene Immobilien. Mieten über 400 € (alleinstehende Personen) bzw. 800 € (Paare) werden zusätzlich von eventuellen Zahlungsforderungen abgezogen. Ähnliches gilt für Kosten für die Besuche der Eltern, Steuern, Fahrtkosten zur Arbeit und Beiträge zur Sozialversicherung. Das Eigenheim muss auch nicht verkauft werden, denn es dient der eigenen Altersvorsorge (Fehling 2014). Wichtig ist zu wissen, dass sich das Sozialamt häufig rückwirkend an die Angehörigen wendet, auch wenn sie mit dem Pflegebedürftigen jahrelang kein Kontakt mehr hatten. Bei mehrjähriger Pflege summieren sich die Kosten leicht zu fünfstelligen Beträgen.

Falls der Pflegebedürftige die Kosten für die ambulante bzw. Heimpflege nicht tragen kann, die Zahlungen aus der Pflegeversicherung nicht reichen, weder die Kinder noch der Ehepartner herangezogen werden können und das Vermögen längst aufgebraucht ist, besteht Anspruch auf Sozialhilfe. Dafür muss ein Antrag beim Sozialamt gestellt werden. Auch bei der Antragstellung ist der soziale Dienst behilflich.

9.2.5 Welche Unterschiede bestehen zwischen den Pflegeformen?

Grundsätzlich wird zwischen stationärer und ambulanter Pflege unterschieden. In den letzten Jahrzehnten sind aber auch einige neue oder Mischformen auf den Markt gekommen.

Die *stationäre Pflege* wird erforderlich, wenn die Pflege durch die Angehörigen nicht gewährleistet werden kann. Bei der stationären Pflege wird zwischen teilstationärer Pflege, vollstationärer Pflege und Kurzzeitpflege unterschieden (http://www.pflegeversicherung.net/stationaere-pflege, Zugriff am 13.9.2014).

Bei der *teilstationären Pflege* können die betroffenen Personen trotz hohen Pflegebedarfs weiter zu Hause wohnen. Sie werden in diesem Fall im Rahmen einer Nacht- oder Tagespflege in Pflegeeinrichtungen professional betreut. Dies ist auch für pflegende, berufstätige Angehörige eine Entlastung. Bei der teilstationären Pflege wird also die häusliche mit der stationären Pflege kombiniert. Dabei übernimmt die Pflegekasse auch die Kosten für den Transport und die soziale Betreuung. Kosten für Verpflegung und Unterkunft werden privat bezahlt. Leistungen für die Tages- und Nachtpflege lasen sich mit anderen Leistungen aus der Pflegeversicherung kombinieren. Wird die teilstationäre Pflege mit Leistungen eines Pflegedienstes kombiniert, kann der Betrag der Pflegedienstleistungen auf 150 € aufgestockt werden:

> Eine Frau mit der Pflegestufe II geht jede Woche für drei Tage in die Tagespflege. Diese kostet 660 Euro monatlich. Das sind 60 Prozent der 1110 Euro die es maximal als Sachleistungen in der Pflegestufe II gibt. Zusätzlich kommt jeden Morgen ein Pflegedienst nach Hause, um die Frau zu waschen. Dieser veranschlagt 385 Euro, also 35 Prozent der Maximalleistung monatlich. Zu den 150 Prozent bleibt nun noch ein Anteil von 55 Prozent. In der Pflegestufe II stehen den Pflegebedürftigen monatlich bis zu 440 Euro zu. Davon erhält die Frau nun noch 55 Prozent, also 242 Euro jeden Monat. Insgesamt erhält sie also Pflegeleistungen in Höhe von 1287 Euro monatlich. (http://www.pflegeversicherung.net/stationaere-pflege, Zugriff am 13.9.2014)

Im Grunde wird ab Pflegestufe III von der Notwendigkeit der vollstationären Pflege ausgegangen. Folgende Kriterien machen eine vollstationäre Pflege erforderlich (http://www.pflegeversicherung.net/stationaere-pflege, Zugriff am 13.9.2014):

* Fehlende Pflegeperson
* Fehlende Pflegebereitschaft
* Überforderung der Pflegepersonen
* Verwahrlosung des Pflegebedürftigen

* Eigen- oder Fremdgefährdung, ausgehend von der Pflegeperson
* Ungünstige räumliche Gegebenheiten, die nicht behoben werden können

Somit unterscheiden sich die ambulante und die stationäre Pflege beispielsweise durch das Ausmaß der Pflegebedürftigkeit des Betroffenen. Im Grunde wird ab Pflegestufe III von der Notwendigkeit der vollstationären Pflege ausgegangen.

Außerdem ist stationäre Pflege sinnvoll, wenn es keine Angehörigen gibt, die sich um den Pflegebedürftigen kümmern. Ein Pflegedienst, der dreimal am Tag vorbeikommt, um dem Betroffenen bei den notwendigsten Verrichtungen behilflich zu sein, ist nicht ausreichend, da dem Pflegedürftigen die sozialen Bezugspunkte fehlen und er vereinsamt. Im Pflegeheim besteht der Vorteil, dass beispielsweise die Mahlzeiten gemeinsam eingenommen werden. Zudem werden Veranstaltungen angeboten, welche die Freizeit sinnvoll ausfüllen. Auch bei Schwerkranken genügt ein ambulanter Pflegedienst nicht, da sie sich, z. B. durch Stürze, verletzen können. Gerade bei Demenz im fortgeschrittenen Stadium ist eine stationäre Pflege angebracht.

Für Pflegebedürftige (mit Pflegestufe) besteht die Möglichkeit einer *Kurzzeitpflege*. Diese kann zur Bewältigung einer Krisensituation in Anspruch genommen werden (Bundesministerium für Gesundheit 2014c). Eine Krisensituation ist beispielsweise der Anschluss an einen Krankenhausaufenthalt. Doch auch pflegende Angehörige wollen sich mal eine Auszeit gönnen. Und so kann der zu Pflegende für diese Zeit in eine Kurzzeitpflege gebracht werden:

Die Leistung der Pflegeversicherung für die Kurzzeitpflege unterscheidet sich betragsmäßig nicht nach Pflegestufen, sondern steht unabhängig von der Einstufung allen Pflegebedürftigen in gleicher Höhe zur Verfügung. Die Höhe der Leistung beträgt bis zu 1550 Euro im Jahr für bis zu vier Wochen pro Kalenderjahr. (Bundesministerium für Gesundheit 2014c)

Das bedeutet, dass jeder Pflegebedürftige einmal im Jahr von der Kurzzeitpflege profitieren kann. Dazu kommt, dass seit Inkrafttreten des Pflege-Neuausrichtungs-Gesetzes während der Kurzzeitpflege für bis zu vier Wochen je Kalenderjahr die Hälfte des bisher bezogenen Pflegegeldes weitergezahlt wird. Die Kurzzeitpflege kann seither auch in stationären Vorsorge- und Rehabilitationseinrichtungen in Anspruch genommen werden. Diese Einrichtungen benötigen keine Zulassung zur pflegerischen Versorgung nach SGB XI. Den pflegenden Angehörigen wird es so erleichtert, an Vorsorge- und Rehabilitationsmaßnahmen teilzunehmen (Bundesministerium für Gesundheit 2014c).

Eine weitere, gern genutzte Pflegeform ist die *24-Stunden-Pflege*. Eine deutsche 24–Stunden-Pflegekraft kostet bis zu 10.000 € im Monat. Da sich dies nur die Elite leisten kann (Hubschmid 2013), werden gern Pflegehilfen aus Osteuropa eingesetzt. Im Moment arbeiten mehr als 150.000 Frauen aus Polen, Tschechien oder der Slowakei in Deutschland. Die Frauen putzen, kochen, gehen einkaufen, begleiten die Betroffenen zum Arzt und helfen beim Waschen und Ankleiden. Für die medizinische Versorgung ist dennoch ein ambulanter Pflegedienst erforderlich.

Seit Mai 2011 dürfen Arbeitsverträge direkt mit den Be-
treuungskräften geschlossen werden (Hubschmid 2013).
Die Personen müssen gemeldet werden und benötigen eine
Lohnsteuerkarte. Zudem ist eine Unfallversicherung abzu-
schließen. Die Hilfskraft kann so bei den Betroffenen ein-
ziehen. Der Arbeitgeber trägt auch die Risiken für die Hilfskraft. Diese muss im Krankheitsfall weiterbezahlt werden.
Gezahlt wird zudem der Mindestlohn, inklusive Beiträge
zur Sozialversicherung So fallen monatlich schnell 3000 €
an, wovon Kost und Logis wieder abgezogen werden können (Hubschmid 2013).

Anders ist es, wenn die Pflegehilfen selbstständig arbeiten. Das mindert die Verantwortung und die Kosten des
Arbeitgebers. Dabei melden die Hilfen selbst ein Gewerbe
an und arbeiten auf Rechnung. Die Pflegekräfte müssen
dann mindestens in zwei Haushalten arbeiten, weil es sich
sonst um eine Scheinselbstständigkeit handelt. Es gibt zahlreiche Portale im Internet, die selbstständige Haushaltshil-
fen anbieten. Hier sollte die Suchmaschine entsprechend
bemüht werden. Neben der Anstellung und der Arbeit
als selbstständige Pflegehilfe besteht die Möglichkeit der
Entsendung durch das Heimatland, d. h. beispielsweise,
eine polnische Pflegefirma entsendet Arbeitskräfte nach
Deutschland (Hubschmid 2013). In diesem Fall sind die
Arbeitskräfte in ihrem Heimatland angestellt. Dort werden
auch Steuern und Beiträge zur Sozialversicherung gezahlt.
Die polnischen Entsendefirmen arbeiten mit deutschen
Vermittlungsagenturen zusammen. Im Ernstfall kann in-
nerhalb einer Woche eine Pflegekraft vermittelt werden.
Die Pflegehilfen werden, da auch fleißige Osteuropäer mal
Urlaub brauchen, nach drei Monaten ausgetauscht. Sie kos-

ten zwischen 1200 und 2500 € im Monat. Dazu kommt eine jährliche Vermittlungsprovision. Wichtig ist zu wissen, dass weder die Familie noch die deutsche Vermittlungsagentur weisungsbefugt ist. Die Weisung obliegt der Firma im Ausland. Die Kosten für Betreuungshilfen werden nicht von den Pflegeversicherungen übernommen.

Eine Sonderform der Pflege ist die *geriatrische Rehabilitation*. Diese richtet sich an ältere Menschen, die wegen Krankheit oder einer Operation in ihrer Alltagsfähigkeit eingeschränkt sind (MediClin AG 2014). Ziel der geriatrischen Rehabilitation ist die Wiederherstellung der Selbstständigkeit. Damit wird die Pflegebedürftigkeit vermindert. Der Patient soll zu einem selbstständigen und selbstbestimmten Leben zurückfinden. Für die Beantragung einer geriatrischen Rehabilitation müssen verschiedene Voraussetzungen erfüllt sein. Dazu gehören (MediClin AG 2014):

* Höheres Lebensalter (70 Jahre)
* Mindestens zwei geriatrietypische Krankheiten (Mehrfacherkrankungen)
* Rehabilitationsfähigkeit

Die Geriatrie ist eine fachübergreifende Disziplin, da die Geriatriepatienten unter verschiedenen Krankheiten gleichzeitig leiden. Häufig ist es gerade das Zusammenwirken verschiedener Symptome, das zu einem Verlust der Selbstständigkeit führt. Diese Symptome reichen von Immobilität, Stürzen, Harninkontinenz über intellektuellen Abbau und Störungen bei der Ernährungs- und Flüssigkeitsaufnahme bis hin zu Schwindel, Depressionen und chronischen Schmerzen (MediClin AG 2014). Häufig bedingen und verstärken sich die Symptome gegenseitig. Vor der geriatrischen Rehabilitation erfolgt eine ausführliche Untersuchung des Patienten. Dabei wird der physische, kognitive, emotionale und soziale Zustand des Patienten erfasst (MediClin AG 2014). Danach wird ein individueller Behandlungsplan erstellt. Die Behandlungserfolge werden in wöchentlichen Gesprächen bewertet und ggf. angepasst. Eine geriatrische Rehabilitation erfolgt stationär. Sie dauert im Durschnitt drei Wochen. Der Antrag wird entweder vom Hausarzt oder vom Krankenhaus gestellt.

9.2.6 Was ist das Pflegestärkungsgesetz?

Für die Zukunft ist eine Stärkung der Pflege vorgesehen. Das Pflegestärkungsgesetz tritt dem demografischen Wandel mit sinnvollen Neuerungen entgegen. Gleichzeitig wird die Angst vor dem Alter ein wenig gemindert.

Der 1. Entwurf des Pflegestärkungsgesetzes wurde am 28. Mai 2014 vom Bundeskabinett vorgelegt (Bundesministerium für Gesundheit 2014d). Nach der Beratung im Bundestag und Bundesrat wird das 1. Pflegestärkungsgesetz am 1. Januar 2015 in Kraft treten. Es ist keine sozialromantische Illusion, dass sich der Wert einer Gesellschaft am Umgang mit den Schwächsten zeigt. Dieser Umgang soll mit dem Pflegestärkungsgesetz verbessert werden. Dabei erhalten Familien, die ihre Angehörigen zu Hause pflegen, größere Unterstützung. Mehr Zeit für Tages- und Kurzzeitpflege sind eingeplant. Die Arbeit in Pflegeeinrichtungen wird leichter, indem es mehr zusätzliche Betreuungskräfte gibt. Zudem wird ein Pflegevorsorgefonds eingerichtet.

Natürlich kann sich die Regierung die zusätzlichen 5 Mrd. nicht aus dem Ärmel schütteln. Und so wird der Steuerzahler mit zur Kasse gebeten. Die Beiträge zur Pflegeversicherung werden ab dem 1. Januar 2015 um 0,3 Prozentpunkte angehoben. Weitere 0,2 Prozentpunkte folgen im Laufe der Wahlperiode (Bundesministerium für Gesundheit 2014d). Dem ersten Pflegestärkungsgesetz soll im Laufe der Wahlperiode das zweite Pflegestärkungsgesetz folgen. Dabei wird ein neuer Pflegebedürftigkeitsbegriff eingeführt. Mit dem neuen Gesetz können die Unterstützungsleistungen (Tages-, Nacht- bzw. Kurzzeitpflege) vielfältig miteinander kombiniert werden. Niedrigschwellige Angebote werden gestärkt. Künftig erhalten die Pflegebedürftigen 104 € im Monat. Damit können sie Alltagshelfer finanzieren. Für Umbaumaßnahmen zur Barrierefreiheit stehen künftig 4000 € anstelle von 2557 € zur Verfügung. Pflegehilfsmittel für den täglichen Gebrauch steigen von 31 € auf 40 € pro Monat. Zur Verbesserung der Vereinbarkeit von Beruf und Familie (hier Pflege) werden für zehn Tage Lohnersatzleistungen gezahlt (Bundesministerium für Gesundheit 2014d).

10
Welche Wohnformen sind im Alter möglich?

Mit oder ohne Pflegebedürftigkeit – für ältere Menschen ist es wichtig, die passende Wohnform zu finden. Gerade ältere Menschen leiden häufig unter Einsamkeit, wenn die Angehörigen weit weg gezogen sind und/oder mitten im Berufsleben stehen. In Zukunft werden deshalb alternative Wohnformen bedeutend, welche die soziale und medizinische Versorgung der älteren Menschen verbinden.

Die Wohnformen im Alter müssen sich ebenfalls dem demografischen Wandel anpassen. Die Zielgruppe der Wohnungswirtschaft verändert sich, d. h., sie wird älter (Naegele et al. 2006, S. 4). Ältere Menschen leben häufig allein. Auch mit körperlichen Beeinträchtigungen möchten sie häufig so lange wie möglich in den eigenen vier Wänden leben. Demzufolge steigt der Bedarf an Ein- bis Zweizimmerwohnungen:

> Zur Bewältigung der Auswirkungen des demografischen und sozialen Wandels müssen die Akteure aus Wohnungsunternehmen, sozialen Dienstleistungsträgern (von Wohlfahrtsverbänden bis hin zu privaten Pflegeunternehmen), Wirtschaft, Verwaltung, Politik und Wissenschaft besser

zusammenarbeiten und neue, innovative Formen der Ko-
operation entwickeln. (Naegele et al. 2006, S. 4)

In diesem Zusammenhang sind auch die Handwerksbetrie-
be zu nennen, welche die Wohnungen altersgerecht um-
bauen.

In Zukunft ist ein erfolgreiches Zusammenleben von
Alt und Jung wichtig, das auf gegenseitiger Unterstützung
basiert. Alt und Jung können dabei voneinander profitieren. Die bisherige Versorgungsgesellschaft muss sich in eine
Beteiligungsgesellschaft verwandeln Derzeit zeigt sich die
Wohnsituation in Deutschland so, dass immer mehr Menschen in immer weniger Wohnraum leben (Naegele et al.
2006, S. 5). Die Zweigenerationenfamilie wurde durch
eine Vielzahl verschiedener Wohnformen abgelöst. Dabei
hat der Einpersonenhaushalt einen Anteil von 37 % (Naegele et al. 2006, S. 5). Es ist davon auszugehen, dass dieser
Anteil in Zukunft steigen wird. Bei Einpersonenhaushalten
sind gegenseitige Hilfeleistungen, die bei Paarhaushalten
möglich sind, ausgeschlossen.

Doch nicht nur die Wohnform wird in Zukunft an Bedeutung gewinnen, sondern auch das Umfeld. Dazu gehören infrastrukturelle Voraussetzungen wie öffentlicher Nahverkehr. Er kann langfristig erst ein einigermaßen eigen-
ständiges Leben im Alter ermöglichen. Hier werden neue
Strukturen nötig, besonders weil ältere Menschen oft keinen Führerschein haben oder haben „sollten". Die Fähigkeiten, ein eigenes Fahrzeug zu steuern, nehmen mit dem
Alter ab – das gilt besonders für die Reaktionsgeschwin-
digkeit –, und viele ältere Menschen haben Angst vor dem

Autofahren. Häufig verfügen sie nicht über die nötigen finanziellen Mittel, um sich einen Fahrdienst (Taxi) zu leisten, sodass der öffentliche Nahverkehr der einzige Weg für
sie ist, am kulturellen Leben teilzunehmen.

Zu den infrastrukturellen Voraussetzungen gehört auch
das Vorhandensein von Einkaufsmöglichkeiten in unmit-
telbarer Nähe, was ebenfalls auf die nachlassende Mobilität
zurückzuführen ist. Eine Alternative sind mobile Läden, die
regelmäßig ihre Waren anbieten. Auch auf Dienste wie Bo-
frost oder Eismann greifen ältere Menschen gern zurück.
Mittlerweile gibt es auch die Möglichkeit, über das Internet
Lebensmittel zu ordern. Fakt ist: Auch im Alter muss keiner
Not leiden, wenn er die finanziellen Möglichkeiten besitzt.

Und auch von Obdachlosigkeit ist keiner bedroht, wie
die nun folgenden Wohnmöglichkeiten im Alter zeigen:

10.1 Wohnen in der eigenen Wohnung?

Wie bereits erwähnt, ist die bevorzugte Wohnform im Alter
das Wohnen in der eigenen Wohnung. Dieses Wohnumfeld
ist vertraut und stellt ein Stück Heimat dar. Häufig muss die
Wohnung der nachlassenden Mobilität im Alter angepasst
werden. Aufgrund des demografischen Wandels müssen
zahlreiche Wohnungen adäquat umgestaltet werden. Nur
dann können viele betagte Menschen ihre selbstgestaltete
Lebensführung aufrechterhalten, sodass Pflegebedürftigkeit
vermieden bzw. aufgeschoben und dadurch Kosten gespart
werden:

Mögliche Ansatzpunkte für eine seniorenorientierte Gestaltung bieten nicht nur Geräte, Einrichtungsgegenstände
und Installationen selbst, sondern auch deren Anordnung
im Innenbereich über die Gesamtarchitektur der Wohnung bis hin zur Wohnumfeldgestaltung. (Naegele et al.
2006, S. 11)

Barrieren müssen beseitigt werden, indem Stolperfallen
sowie Ausrutschmöglichkeiten entfernt werden. Wichtig
sind auch die Bäder. Ältere Menschen können häufig nicht
mehr ohne Hilfe in die Badewanne steigen bzw. die Badewanne verlassen. Vorübergehend können Griffe und Sitz-
vorrichtungen Abhilfe schaffen. Häufig bevorzugen ältere
Menschen eine Duschkabine mit eingebautem Sitz. Entsprechende Fußmatten gewährleisten die Rutschfestigkeit.

Auch mit Fernbedienungen lässt sich das Leben im eigenen Haushalt erleichtern. So können Rollläden, Dusch-
kabinen und Schränke automatisch geöffnet werden. Die
Risiken, die von elektrischen Geräten ausgehen, werden
minimiert, indem beispielsweise akustische Signale integ-
riert werden.

Trotz dieser zahlreichen Möglichkeiten und der Offen-
heit älterer Menschen gegenüber diesen Innovationen, tut
sich die Wirtschaft schwer mit der Umsetzung. An dieser
Stelle bestehen Wissensdefizite. Besonders das deutsche
Handwerk tut sich schwer, dem gesellschaftlichen Wandel
mit Flexibilität zu begegnen. Dazu kommt, dass nicht alle
Rentner über Wohneigentum verfügen. Eventuelle Um-
bauarbeiten müssen daher mit dem Vermieter verhandelt
werden.

Das Wohnen in der eigenen Wohnung ist für ältere Menschen geeignet, die sich ihre Selbstständigkeit so lange wie möglich bewahren wollen. Optimal ist das Wohnen in der eigenen (barrierefreien) Wohnung für Ehepartner, da sie sich gegenseitig unterstützen können. Bei Alleinstehenden ist es von Vorteil, wenn es Angehörige gibt, die ab und zu vorbeischauen und ihre Hilfe anbieten. Auch wenn der Betroffene eine Pflegeeinstufung hat, kann die Selbstständigkeit in der eigenen Wohnung bestehen bleiben. Hier hilft der ambulante Pflegedienst bei der medizinischen Versorgung. Das beliebte „Essen auf Rädern" liefert die Mahlzeit direkt in die Wohnung.

10.2 Für wen eignet sich betreutes Wohnen?

Das betreute Wohnen gehört ebenfalls zu den beliebten Wohnformen im Alter. Hier werden die unterschiedlichsten Angebote miteinander kombiniert. Häufig mietet der Betroffene eine spezielle, zentrale gelegene Wohnung in einer altersgerechten Wohnanlage. Zusätzlich gibt es ein Paket an Grundleistungen, die ein spezieller Service bietet. Dazu gehören Essen, Reinigung, Therapie und Pflege. Diese Leistungen werden bei Bedarf in Anspruch genommen (Naegele et al. 2006, S. 12). Zusätzlich zum Mietvertrag wird ein Betreuungsvertrag geschlossen.

Betreutes Wohnen ist besonders für diejenigen geeignet, die sich in den eigenen vier Wänden zunehmend unsicher fühlen. Mitunter besteht keine Möglichkeit, die langjährige

Wohnung barrierefrei umzugestalten. Ein großes Hindernis
stellt eine Wohnung in oberen Etagen dar – insbesondere wenn es keinen Lift gibt –, denn Treppen können zum
unüberwindbaren Hindernis werden. Auch eine schlechte
infrastrukturelle Anbindung (Nahverkehr, Einkaufsmöglichkeiten, Ärzte) kann zum Umzug in ein betreutes Wohnen führen. Nicht zu unterschätzen ist der Faktor Einsamkeit. Einige ältere Menschen fühlen sich in ihrer Wohnung
zunehmend von der Außenwelt abgeschnitten, vor allem
wenn der Partner verstorben ist und die Kinder weggezo-
gen sind. Das betreute Wohnen bietet sozialen Anschluss.
Die Mahlzeiten können – müssen aber nicht – gemeinsam
eingenommen werden. Es gibt spezielle Wochenpläne, die
gegen einen geringen Unkostenbeitrag jeden Nachmittag
bzw. Abend ein kulturelles Programm bieten. Häufig werden auch gemeinsame Reisen organisiert.

Zusammenfassend ist zu sagen, dass das betreute Wohnen ein individuell gestaltetes Leben ermöglicht, ohne dass
der ältere Mensch vom sozialen und kulturellen Leben abgeschnitten ist.

10.3 Wie steht es mit Seniorenresidenzen?

Auch in den Seniorenresidenzen werden Wohn- und Be-
treuungsangebote miteinander verbunden. Zudem besitzen
die Senioren eine abgeschlossene Wohnung. Die Vorteile
sind also die gleichen wie beim betreuten Wohnen. Der
Unterschied besteht in der Verpflichtung zur Abnahme
weiterer Betreuungsleistungen. Dazu gehören die Versor-

gung mit Mahlzeiten bzw. die Reinigung der Wohnung. Diese Verpflichtungen sind in einem Heimgesetz geregelt (Naegele et al. 2006, S. 12).

Wie der Name „Seniorenresidenz" ausdrückt, sind die Wohnungen für gehobene Ansprüche gedacht. Logisch, dass für diese gehobenen Ansprüche auch gehobene finanzielle Möglichkeiten vorhanden sein sollten. Seniorenresidenzen stehen also im Widerspruch zur erwarteten Altersarmut – besonders im Osten Deutschlands.

10.4 Was sind Wohngemeinschaften für Alte?

Die preiswertere Alternative zur Seniorenresidenz ist die Wohngemeinschaft. Auch wenn diese Wohnform auf den ersten Blick an die gemütliche, chaotische Studentenzeit erinnert, wird es die Wohnform der Zukunft sein. Im Idealfall wohnen ältere und junge Menschen gemeinsam in einer Wohnung oder einem Haus. Dabei unterstützen sich die „Wohnparteien" gegenseitig. Nicht nur die Mietkosten werden geteilt, sondern auch die Hausarbeiten wie Abwaschen, Kehren, Staubwischen oder Staubsaugen. Rüstige Rentner können die Kinder der erwerbstätigen jungen Leute betreuen und beschäftigen. Auch gemeinsames Kochen, Backen, Spielen, Basteln, Singen und Tanzen sollten keine romantische Illusion sein.

Wohngemeinschaften werden häufig in eigener Regie gegründet. Dabei finden sich willkürlich Menschen zusammen, die sich entweder bereits kennen oder über eine Anzeige zueinander finden. Jeder Bewohner hat seinen eigenen Wohnbereich. Dennoch werden Küche bzw. Bad gern gemeinsam genutzt. Bei Bedarf werden die Wohngemeinschaften mit sozialen Diensten bzw. ambulanter Pflege verbunden. Bei der Gründung einer Wohngemeinschaft müssen im Übrigen keine großen Altersunterschiede zwischen den Bewohnern vorliegen. Es ist auch möglich, dass sich gleichaltrige Senioren zu einer Wohngemeinschaft zusammenschließen.

Wohngemeinschaften sind für rüstige Rentner geeignet, die sich gern in ihrem sozialen Umfeld engagieren, die weiterhin am Leben teilhaben wollen, die interessiert und neugierig sind. Mitunter sind starke Nerven gefragt, besonders wenn es sich um Mehrgenerationen-WGs handelt. Angesichts des demografischen Wandels, drohender Altersarmut, zunehmender Individualität und Kinderlosigkeit ist die Wohngemeinschaft eine zielführende Lösung für das Problem des Wohnens im Alter. Und Wohngemeinschaften haben einen wichtigen Nebeneffekt: Die jungen Menschen profitieren von der Reife, Lebenserfahrung und Weisheit der älteren Menschen. Durch die Betreuung in Institutionen (Kindergarten, Schule, Altenheime) ist der Kontakt zwischen den Generationen schon seit Langem verloren gegangen.

Das *integrierte Wohnen* ist eine Sonderform der Wohngemeinschaft. Sie wird nicht von den Bewohnern selbst gegründet, sondern von speziellen Trägern (Naegele et al. 2006, S. 13). Auch hier liegt das Ziel in der nachbarschaftlichen Hilfe zwischen den verschiedenen Generationen. Dadurch lassen sich individuelle Bedarfslagen verbessern. Das Zusammenleben wird hier von fachlicher Seite unterstützt und gelenkt. Das hat den Vorteil, dass individuelle Probleme besser berücksichtigt werden.

Eine weitere Form der Wohngemeinschaft im Alter findet sich in der *betreuten Wohngemeinschaft* (Naegele et al. 2006, S. 13). Häufig handelt es sich dabei um eine kleine Gruppe Pflegebedürftiger, die in einem Haus bzw. einer Wohnung zusammenleben, aber jeweils einen eigenen Wohnbereich besitzen. Der Alltag findet in den Gemeinschaftsräumen statt. Die Betreuung der Senioren wird durch das entsprechende Betreuungspersonal sichergestellt. Die Leistungen werden durch ambulante Pflege ergänzt.

Die betreute Wohngemeinschaft eignet sich für Senioren mit und ohne Pflegebedürftigkeit, die in familiärer Atmosphäre leben möchten. Die eigenständige Lebensführung wird weiter gewährleistet. Somit bietet die betreute Wohngemeinschaft ein hohes Stück Lebensqualität. In vielen Fällen lässt sich das Pflegeheim vermeiden bzw. hinauszögern.

10.5 Pflegeheime – eine Horrorvorstellung?

Senioren sind im Pflegeheim gut aufgehoben, wenn schwerste Pflegebedürftigkeit (Pflegestufe III) besteht. In diesem Zusammenhang treten häufig multimorbide Krankheiten auf. Auch bei fortgeschrittener Demenz ist das Pflegeheim der sicherste Wohnort. Das Pflegeheim hat den Vorteil, dass eine fachkompetente Betreuung jederzeit vor Ort ist. Bei Notfällen ist der Arzt in wenigen Minuten zur Stelle. Pflegeheime besitzen zudem die nötige Ausstattung

zur Behandlung schwerer Krankheiten. Der Gesundheits-
zustand wird rund um die Uhr überwacht. Und dennoch
leben die Menschen dort in sozialer Gemeinschaft. Sie sind
weder isoliert noch allein. Die Senioren werden beschäftigt
und gefördert. Mahlzeiten werden gemeinsam eingenommen.

Fakt ist, dass in den meisten Pflegeheimen gute Arbeit
geleistet wird. Dennoch wird immer wieder kritisiert, dass
die Mitarbeiter unter einem hohem Druck stehen, was den
Bewohnern zum Nachteil gereicht. Auch wird von Verwahrlosung und Misshandlung der alten, wehrlosen Menschen berichtet. Die positive Nachricht ist, dass es sich um
Einzelfälle handelt. Die Regierung hat auf diese Berichte re-
agiert, indem sie ein neues Pflegegesetz auf den Weg brachte, das ab Januar 2015 in Kraft tritt. Es beinhaltet auch die
Erhöhung der Betreuungskräfte in Pflegeheimen.

11

Zwischenbilanz: Alter in Armut oder Kreativität leben?

An dieser Stelle soll eine Zwischenbilanz erfolgen, welche die bisher gewonnenen Erkenntnisse zusammenfasst. Die im Prolog aufgeführten unheilvollen Prognosen werden sich zumindest in den nächsten Jahrzehnten nicht verwirklichen. Niemand muss früher sterben, weil er arm ist. Auch wenn Vergleiche pathetisch anmuten: Im Vergleich zum Gesundheitssystem anderer Länder geht es den Deutschen richtig gut. Dank der Pflegeversicherung fließen in begrenztem Umfang finanzielle Mittel für den Fall der Pflegebedürftigkeit. Diese reichen nicht für die Versorgung im Pflegeheim. Doch auch hier hat der Staat Vorsorge getroffen. Wenn weder Kinder noch Ehepartner zahlungsfähig sind, springt das Sozialamt ein. Trotz Abbau des Sozialstaates ist die Solidarität geblieben.

Dass die Regierung der gegenwärtigen Entwicklung nicht tatenlos zusieht, ist auch an der Neuauflage des Pflegegesetzes (Pflegestärkungsgesetz) zu erkennen. Die bisherigen Fehler, Defizite und Schwachstellen der Pflegeversicherung werden somit korrigiert. Auch in Zukunft kann der deutsche Rentner also vom hohen Standard des Gesundheitssystems profitieren. Viele Kliniken sind bestens ausgestattet.

Trotzdem gilt für viele Rentner, dass es nötig sein wird, neue Lösungen zu finden, die aus der Not eine Tugend machen. Dazu gehören beispielsweise die Wohnformen. Es ist erwiesen und absolut verständlich, dass die Rentner so lange wie möglich in den eigenen vier Wänden bleiben möchten. Dies gilt es zu unterstützen mithilfe ambulanter Pflegedienste und sozialer Betreuungen. Gegen Einsamkeit helfen neue Wohnformen. Dazu gehört die Mehrgenerationen-WG.

Fraglich ist, ob so viel Kreativität bei den erwarteten Rentenzahlungen nützt. Dass die Rentenzahlungen für kommende Generationen nicht mehr allzu üppig ausfallen werden, wurde bereits dargelegt. Auch hier ist der demografische Wandel die Ursache. Berufliche Eigenaktivität auch nach der Rente kann zum notwendigen Übel werden. Mittlerweile gibt es viele, die sich, ähnlich wie in Amerika üblich, mit mehreren Jobs über Wasser halten. Wieder andere stocken ihr Einkommen mit Grundsicherung auf, weil der Lohn zu gering ist. Mit der Einführung des Mindestlohnes haben sich die Verhältnisse nur bedingt verbessert. Es ist kein Prophetentum nötig, um zu sagen, dass die Schere zwischen Arm und Reich immer weiter auseinandergeht. Und so ist es wichtig, dass die Arbeitsfähigkeit so lange wie möglich aufrechterhalten wird. Dadurch können Rentner ihre schmalen Bezüge aufbessern.

Und wenn berufliche Aktivität doch nicht mehr möglich ist und Mahnungen ins Haus flattern oder der Pflegeheimplatz zu teuer ist? Dann bekommen bereits in Auflösung begriffene Strukturen eine neue Bedeutung. Dazu gehört die Familie.

12

Back to the Roots – Wie kann ich Halt und Unterstützung in der Familie finden?

Eine stabile Familie ist in der Lage, die Unsicherheiten der Moderne abzufedern, und verspricht Sicherheit und Halt. Doch wie ist es möglich, in unsicheren Zeiten eine stabile Familie zu haben? Wie kann diese Familie bis ins Alter erhalten werden? Möglicherweise ist ein anderer Umgang mit Konflikten nötig. Es ist sicherlich keine Lösung, sich bei Problemen in der Beziehung gleich einen neuen Partner zu suchen. Konflikte gibt es früher und später auch mit dem neuen Partner. Möglicherweise ist die Familie die sicherste Altersvorsorge.

12.1 Was macht Paarbeziehungen stabil?

Die Grundlage einer Familie ist die Paarbeziehung. Die folgenden Abschnitte beschäftigen sich mit dem Phänomen Partnerschaft – was sie stabilisiert und was sie kaputt macht. Letztlich ist der Umgang mit Konflikten von entscheidender Bedeutung für Qualität und Fortbestand der Partnerschaft.

12.1.1 Ist Sex das beste Bindemittel?

Um zu verstehen, was eine Familie stabilisiert, sollte man sich zunächst auf die Suche nach dem Bindemittel für Paarbeziehungen machen. Ist des tatsächlich so, dass die Leidenschaft nicht lange anhält – mit etwas Glück bis zu vier Jahren? Und was beeinflusst die sexuelle Aktivität eines Paares am stärksten? Ist es das Lebensalter oder die Dauer der Beziehung? Zumindest auf die letzte Frage sind die Antworten eindeutig. Wissenschaftliche Studien fanden heraus, dass die Dauer der Beziehung den größten Einfluss auf die sexuelle Aktivität von Paaren hat.

Schmidt et al. (2006) führten eine ähnliche Studie (Interviewstudie) durch. Dabei wurden 776 Frauen und Männer im Alter zwischen 30, 45 und 60 Jahren befragt. Ziel war dabei die Erforschung des Verlaufs der sexuellen Aktivität in der Beziehungsbiografie. Auch Veränderungen der Paarsexualität und der emotionalen Qualität von Beziehungen wurden dabei analysiert. Die Ergebnisse (Abb. 12.1) zeigen, dass die monatliche Häufigkeit des Sex mit der Dauer der Beziehung abnimmt. Das gilt unabhängig vom Alter. Anders ausgedrückt bedeutet dies, das ein 60-jähriger Mann, der erst seit zwei Jahren mit seiner Partnerin zusammen ist, häufiger Sex hat als ein 30-jähriger, der seit zehn Jahren mit seiner Partnerin zusammen ist. Das ist eine gute Nachricht. Offensichtlich hat also Sex nichts mit dem Alter zu tun. Die Leidenschaft selbst lässt nicht nach. Nur die Leidenschaft für den langjährigen Partner.

Entgegen der allgemeinen Vermutung ist der Rückgang der sexuellen Aktivität kein kontinuierlicher bzw. linearer Prozess. Schmidt et al. (2006) haben herausgefunden, dass

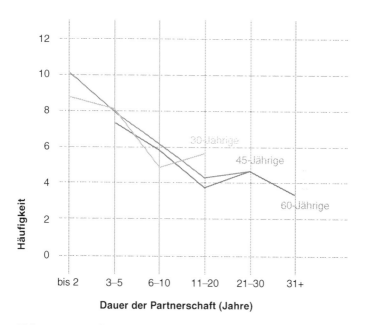

Abb. 12.1 Häufigkeit des Geschlechtsverkehrs (Mittelwerte) in den letzten vier Wochen im Verlauf von Beziehungen, für drei Altersgruppen. (Schmidt et al. 2006)

die Sexualität nach drei bis fünf Jahren deutlich abnimmt. Ab dem zehnten Beziehungsjahr ist die Sexualität auf einem niedrigen Niveau stabil. Natürlich stellt sich an dieser Stelle die Frage, warum die etablierten Paare so selten Sex haben. Doch müsste an dieser Stelle nicht eigentlich nach der Prioritätensetzung einer langjährigen Partnerschaft gefragt werden? Ist Sex das Wichtigste einer Partnerschaft? Möglicherweise stehen andere Dinge (z. B. Kindererziehung, Beruf, Haushalt) im Vordergrund. Gewohnheit und Wiederholungen führen irgendwann zur Routine. An dieser Stelle ist auch die Gegenfrage interessant: Warum haben frisch verliebte Paare so häufig Sex? Etwa wegen des fehlenden Alltags und der noch nicht vorhandenen Gewohnheit?

Sexualität hat in den verschiedenen Phasen einer Beziehung eine unterschiedliche Bedeutung. Ganz am Anfang einer Beziehung kann Sex Nähe und Zusammengehörigkeit herstellen. Zudem hält Sex die Verbindung emotional lebendig. Für junge Beziehungen ist Sex das Bindemittel. Hat sich ein Paar entschieden zusammenzubleiben, dann wird Sex zunehmend unwichtig. Gemeinsame Freunde, Familie, materielle Verpflichtungen und Kinder bieten der Beziehung Sicherheit. In fortgeschrittenen Beziehungen ist Sex wichtig, damit sich das Paar weiterhin als Liebespaar sehen kann. Sex dient hierbei als Unterscheidungsmerkmal zu anderen Beziehungen. Dafür genügt eine geringe Häufigkeit des Aktes. Das hört sich sehr nach Routine an: Sex als Pflichtakt, um weiterhin ein Liebenspaar zu bleiben.

Welche Meinung haben Paare dazu? Hier wird es schwierig, die allgemeine Meinung vom Mainstream zu trennen. In allen Medien wird Sex wortwörtlich großgeschrieben. Bereitwillig erzählen Paare über ihr Sexleben, das entweder noch immer voller Überraschungen ist oder wieder neuen Schwung aufnimmt. „60 Jahre und kein bisschen leise" scheint das Motto der neuen, jungen Alten zu sein. Durch derartige mediale Vorgaben fühlen sich viele Paare unter „Zugzwang". Sie denken, dass irgendetwas mit ihnen und der Beziehung nicht stimmt. Diese Angst kann ihnen genommen werden. Viele Paare akzeptieren irgendwann, dass Phasen der sexuellen Flaute zu einer langjährigen Partnerschaft gehören. Sex darf zum gemütlichen Ritual werden. Das ist völlig normal. Mitunter hat Sex dann eine andere Qualität. Sex ist heute eine gemeinsame Aktion beider

Partner. Dabei sind die Zeiten längst vorbei, in denen sich die Frauen den Männern unterordneten. Stattdessen werden Kompromisse geschlossen. Generell ist es noch immer so, dass Frauen Zärtlichkeit und Männer Sex bevorzugen (Bozon 2001).

Für das Phänomen Leidenschaft gibt es auch biologische Faktoren. So ist das Nachlassen der Leidenschaft auf einen geringer werdenden Dopaminspiegel zurückzuführen (Bartens 2012). Natürlich steigt dieser Dopaminspiegel bei neuen Liebschaften schnell wieder an. Das gilt im Übrigen für Männer und Frauen gleichermaßen. Wie bereits erwähnt, ist Sex nicht alles, was eine Beziehung zusammenhält. In Deutschland wird nur jede dritte Ehe geschieden. Sex wird und wurde von jeher als Bindemittel für Partnerschaften überschätzt. Man stelle sich einfach zwei charakterlich unterschiedliche Menschen vor, die sich im Bett wunderbar verstehen. Doch was bleibt von ihnen (ihrer Verbindung) übrig, wenn der Sex wegfällt oder, anders ausgedrückt, wenn der Becher des Rausches geleert ist? Nichts. An dieser Stelle wird deutlich, wie wichtig gemeinsame Werte, Anschauungen, Erlebnisse und Ziele sind. Somit bedeuten wenige Sexkontakte eine zunehmende Stabilität der Partnerschaft (Bartens 2012).

Beide Partner fühlen sich in einer stabilen Partnerschaft sicher und geborgen und benötigen keine ständigen Liebesbeweise. Vielleicht ist sich derjenige, der mit seinem langjährigen Lebenspartner jeden Tag schlafen möchte, seiner Sache gar nicht so sicher. Vielleicht zweifelt der potente Liebhaber an der Liebe seines Gegenübers. Fast scheint es, als ob sich dauerhafte Sicherheit und häufiger guter Sex ausschließen. Partner, die nur noch wenig Sex haben, besitzen also entweder eine besonders stabile, vertrauensvolle Beziehung oder stehen kurz vor der Trennung (Bartens 2012). Das Fazit kann also lauten: lieber weniger und dafür guten Sex als häufigen trostlosen, lustlosen Sex.

12.1.2 Gepflegte Zerrüttung oder eine gute Beziehung?

Kaum zu glauben, aber wahr: Forscher haben herausgefunden, dass sich Unglück und Resignation stabil auf Partnerschaften auswirken (Bartens 2012) – eine erschütternde Nachricht für alle romantischen Idealisten. Häufig haben es sich Eheleute, die mehrere Jahrzehnte miteinander verheiratet sind, in ihrer Zerrüttung eingerichtet. Doch sind diese Paare glücklich? Eher nicht. Häufig steht die Angst vor Veränderung dem Vorwärtskommen bzw. der Trennung im Weg. Interessant ist, dass bei solchen Paaren nicht die gemeinsamen Werte im Vordergrund stehen, sondern die gemeinsamen Projekte. Das kann der Hausbau sein oder die gemeinsame Firma. Finanzielle Verpflichtungen schweißen nämlich eng zusammen. Glücklicherweise fürchten sich die meisten Paare vor der gepflegten Zerrüttung und tun somit alles, um die Verbindung glücklich zu gestalten.

An dieser Stelle sind die Studien des Münchner Instituts für Glückforschung (Hornung 2014) interessant. Forscher haben sich viele Jahre mit den Bedingungen des Glücks auseinandergesetzt. Doch lässt sich Glück einfangen, konstruieren und erschaffen? Oder ist es einfach ein Gefühl? Augenblicke des Glücks sind oft so kurz wie ein Wimpernschlag. Lässt sich solch ein Augenblick konservieren? Oder lässt sich Glück durch Zufriedenheit ersetzen?

Tatsächlich ist das Glück am meisten von der Qualität der zwischenmenschlichen Beziehungen abhängig. Im Gegensatz zur gepflegten Zerrüttung (siehe unten) ist es eben nicht das gemeinsame Haus oder die Firma, die verbindet, sondern die Qualität der Beziehung. Dazu gehört das Gefühl, geliebt zu werden. Nicht Ruhm und Reichtum, sondern Liebe und Freundschaft sind der Glücksgarant. Der Kitt für ein glückliches Leben sind die kleinen Freuden des Alltags, die diese Liebe mit sich bringt.

Es ist erwiesen, dass verheiratete Paare ein geringeres gesundheitliches Risiko tragen (Hornung 2014). Kurz: Paare sind gesünder. Oft achtet ein Partner auf die Gesundheit des anderen Partners. So verbietet beispielsweise die Frau dem Mann seine geliebten Zigaretten, und der Mann motiviert seine Frau zum Ausdauersport. Gemeinsame Spaziergänge bessern das Wohlbefinden und stabilisieren die Beziehung zusätzlich. Doch auch ein gemeinsames sportliches Hobby, wie Inlineskaten oder Radfahren, fördert die Gesundheit. Menschen in intimen Partnerschaften sind auch resistenter gegen Unglücksfälle. Sie sind psychisch stärker, weil sie einen lieben Gesprächspartner haben. Das zeigt, wie wichtig soziale Netzwerke im Leben eines Menschen, wobei das Gefühl geliebt zu werden, die beste aller Heilmethoden ist.

Hornung (2014) hat aus mehr als 200 internationalen Studien zum Thema „Glück und Partnerschaft" folgende Quintessenz gezogen: Verheiratete sind glücklicher als Singles, und Singles sind glücklicher als Geschiedene. Für Singles, Geschiedene, Verwitwete und getrennt Lebende ist das Gefühl der Einsamkeit schwer zu ertragen. Dieses wird durch soziale Netzwerke abgemildert. Außerdem sind diejenigen, die ihre „große Liebe" geheiratet haben, am glücklichsten. Letztlich besagen die Studien, dass Liebesbeziehungen das Beste sind, was einem Menschen im Leben passieren kann. Sie sind die Quelle des Glücks, außerhalb von der inneren Einstellung des Menschen. Sie geben dem Leben einen Wert. Und somit ist erwiesen, dass es einen unmittelbaren Zusammenhang zwischen einer Partnerschaft und Glück gibt. Das Glück soll möglichst lang andauern.

12.2 Woran scheitern Partnerschaften?

Wer wissen will, was Partnerschaften stabilisiert, sollte zunächst die destabilisierenden Faktoren betrachten und daraus Rückschlüsse ziehen. Das haben die Forscher Rosenkranz und Rost im Jahre 1996 getan. Ob die Ergebnisse dieser fast 20 Jahre alten Studie noch heute relevant sind, sollen die folgenden Ausführungen zeigen. Fakt ist, dass in der Vergangenheit eine Reihe Umweltbedingungen weggefallen sind, die eine Ehe stabil machen. Dazu gehört die Abhängigkeit der Frau. Frauen gehen heute zunehmend einer Erwerbstätigkeit nach und sind auf den Mann als Versorger und Ernährer nicht mehr angewiesen. Eine eventuelle Arbeitslosigkeit der Frau wird durch staatliche Institutionen abgefedert. Anders als früher gehören heute mehr und mehr alleinerziehende Mütter und Väter zum Bild einer modernen Gesellschaft. Zweifellos hat es diese Gruppe schwer, einer geregelten Erwerbstätigkeit nachzugehen. Doch auch hier helfen Institutionen bei der Finanzierung und Gestaltung des Alltags.

Geändert haben sich auch die Wert- und Moralvorstellungen der Gesellschaft. Der sexuellen Revolution sei Dank – Ehescheidungen sind längst nicht mehr verpönt. Der Satz „Bis dass der Tod uns scheidet" hört sich häufig an wie Ironie. Aus dem Lebensgefährten wurde der Lebensabschnittsgefährte.

Dazu kommen die gestiegenen Anforderungen in der Arbeitswelt. Die geforderte Mobilität und Flexibilität stehen im Widerspruch zu einer Ehe, die dabei ist, sich einen Lebensraum zu schaffen (z. B. Kinder zeugen, Haus bauen). Häufig hemmt die Ehe die Karriere. Nicht umsonst gehört die Forderung nach der Vereinbarung von Beruf und Familie zu den wichtigsten Forderungen an die Unternehmen der Zukunft.

Auch das Rechtssystem hat zur Instabilität der Ehe beigetragen. Ehemalige strenge Vorschriften, die eine Ehescheidung erschwerten, wurden gelockert. Werden alle diese Fakten zusammengefasst betrachtet, wird deutlich, dass die Ehe mehr und mehr vom persönlichen Willen der Partner abhängt. Beziehungen müssen gepflegt werden. Dazu benötigt es eine große Konfliktlösekompetenz.

Doch zurück zu Rosenkranz und Rost (1996). Die beiden Forscher wollten wissen, woran Partnerschaften scheitern. Dabei gingen sie von der logischen Überlegung aus, dass es in jeder Partnerschaft früher oder später zu Konflikten kommt. Entscheidend ist der Umgang mit diesen Konflikten. Dieser wiederum ist abhängig von den jeweiligen Partnerkonstellationen (Rosenkranz und Rost 1996, S. 7). Längsschnittbefragungen von Partnern aus Ehen und nichtehelichen Lebensgemeinschaften ergaben, dass einer Trennung ein langer Prozess des Scheiterns vorangeht, der den Betroffenen nur wenig bewusst ist. Häufig erfolgt die Analyse erst am Ende des Scheiterns (Rosenkranz und Rost 1996, S. 8). Nach Auswertung verschiedener Studien fanden Rosenkranz und Rost folgende Einflussfaktoren auf die Ehe:

* Zufriedenheit mit der Partnerschaft
* Zufriedenheit mit der Lebenssituation
* Bindungen in der Herkunftsfamilie

Diekmann und Klein (1991, S. 286) haben den Einfluss dieser soziodemografischen Rahmenbedingungen auf das Scheidungsrisiko untersucht. So wächst das Scheidungsrisiko mit

* der höheren Schulbildung der Ehefrau,
* der Mobilität und der Wohnortgröße.

Das Scheidungsrisiko wird gemindert durch

* höheres Alter bei der Eheschließung,
* Geburt eines Kindes,
* katholische Religionszugehörigkeit.

Die Zufriedenheit in der Beziehung ist ein wichtiges Kriterium partnerschaftlicher Stabilität. Dabei werden besonders immaterielle Ressourcen wie Liebe, Verständnis und Geborgenheit mit in die Partnerschaft gebracht (Rosenkranz und Rost 1996, S. 17). Beruht dies nicht auf Gegenseitigkeit, wird die Beziehung instabil.

Partnerschaften, die scheitern, zeichnen sich durch Konflikte auf folgenden Ebenen aus (Schneider 1990):

* Gegenseitige Wertschätzung
* Kommunikationsverhalten
* Einstellungen und Interessen
* Entfaltungsmöglichkeiten
* Verarmung der Partnerschaft
* Routine

Zwischenmenschliche und innerpsychische Probleme werden bei einer Trennung in Zukunft häufiger eine Rolle spielen. Dabei muss auch bedacht werden, dass die Ansprüche, die an den Partner gestellt werden, nicht selten zu hoch sind. Niemand kann grenzenloses Verständnis erwarten. Der Partner ist auch nur ein Mensch und begrenzt belastbar. Grundsätzlich sollte sich jeder seine Bedürfnisse in erster Linie selbst erfüllen können. Mangelndes Selbstwertgefühl kann kein Partner ausgleichen.

Heutige Partnerschaften verfolgen im Gegensatz zur Vergangenheit keinen bestimmten Zweck (z. B. Versorgung der Frau und Kinder). Stattdessen müssen beide Partner ihre gemeinsame Wirklichkeit aufbauen und pflegen. Die Partnerschaft muss eine eigene Kultur entwickeln, um Bestand zu haben (Rosenkranz und Rost 1996, S. 21). Bei einer Scheidung ist die gemeinsame Wirklichkeit gescheitert. Zu einer gemeinsamen Wirklichkeit trägt eine effektive Kommunikation bei. Auch die Häufigkeit der Interaktion ist wichtig. Gemeinsam verbrachte Zeit ist die Basis gemeinsamer Erfahrungen. Möglicherweise führen Unterschiede in der Freizeitorientierung zur Trennung. Zur gemeinsamen Kultur gehören gegenseitiges Vertrauen, Verständnis und eine befriedigende Sexualität (Rosenkranz und Rost 1996, S. 22).

Die Erfahrungen aus der Kindheit sind prägend. Und so erhöht sich das Scheidungs- bzw. Trennungsrisiko für Kinder aus Scheidungsfamilien signifikant. Bei Söhnen fiel besonders auf, dass nicht die Unvollständigkeit der Familie, sondern der Grund für die Familienauflösung Einfluss auf das eigene Eheschicksal hat (Diekmann und Engelhardt 1995, S. 3). Bei Frauen zeigt sich ein geringerer Übertragungseffekt. Ein noch höheres Scheidungsrisiko weisen Einzelkinder auf. Diesen fehlt der erlernte Umgang mit Konflikten durch Geschwister. Nachdem Rosenberg und Rost den bisherigen Forschungsstand aufgearbeitet hatten, führten sie, wie erwähnt, selbst eine Untersuchung von ehelichen und nichtehelichen Lebensgemeinschaften durch. Sie wollten die Ursache für Trennungen finden.

Hinsichtlich der Trennungsgründe unterscheiden sich die ehelichen Lebensgemeinschaften nicht wesentlich von den Ehen. In nichtehelichen Gemeinschaften allerdings wird häufiger über Trennung nachgedacht. In vielen Fällen ist die nichteheliche Partnerschaft eine Probeehe.

Zunächst erforschten Rosenberg und Rost die subjektiven Trennungsgründe auf einer Skala von 1 (bedeutungslos) bis 5 (ausschlaggebende Bedeutung). So muss beispielsweise Untreue nicht automatisch zur Trennung führen, wenn Treue für den Partner eine eher untergeordnete Rolle spielt. Dennoch kann übergreifend gesagt werden, dass die klassischen Trennungsgründe, wie Alkohol, Untreue und körperliche Gewalt, nur noch eine untergeordnete Rolle spielen (Rosenkranz und Rost 1996, S. 31). Im Vordergrund stehen vielmehr emotionale Ursachen. Somit haben Probleme, welche die Partnerschaft selbst betreffen, an Bedeutung

gewonnen. Bei beiden Lebensformen sind die wichtigsten Trennungsgründe ähnlich. Dazu gehören:
Unterschiedliche Entwicklung der Partner

* Unvermögen, über Schwierigkeiten und Probleme zu sprechen
* Routine und Langeweile
* Fehlendes Einfühlungsvermögen des Partners

Werden die Aussagen getrennt nach Geschlechtern betrachtet, fällt auf, dass die geschiedenen Ehefrauen häufig Kommunikationsprobleme, Langeweile, keine Zukunftsperspektive und fehlende Achtung als Scheidungsursache angeben. Geschiedene Ehemänner beklagen das Fehlen einer gemeinsamen Basis, fehlendes Vertrauen und Unreife des Partners (Rosenkranz und Rost 1996, S. 31). Auch der Beruf wird als Trennungsursache angegeben. Mitunter hatte der Partner auch einfach jemanden kennengelernt (Rosenkranz und Rost 1996, S. 32). Männer nennen häufiger als Frauen einfach nur den Auslöser, der letztlich zur Scheidung geführt hat, und weniger die Gründe. Solche Auslöser sind häufig Affären bzw. Nebenbeziehungen eines Partners oder beider Partner. Rosenkranz und Rost fanden zwei unterschiedliche Partnerschaftsverläufe:

Typ 1: Paare, die – auch nach längerer Beziehungsdauer – nur wenig Übereinstimmung oder gemeinsame Zukunftsperspektiven entwickelt haben. Offenbar setzt hier eine Resignation der Partner ein, die Trennung wird als (einzige) Lösung gesehen.
Typ 2: Paare haben sich – letztlich unabhängig von der Beziehungsdauer – auseinanderentwickelt. Häufig wird hier

ein Mangel an Kommunikation zwischen den Partnern beklagt. Die Partner entfernen sich immer mehr voneinander und gehen schließlich als letzten Schritt entgegengesetzte Wege. (Rosenkranz und Rost 1996, S. 32)

Dabei geht die Scheidung zu über zwei Dritteln von Frauen aus. Bei der nichtehelichen Lebensgemeinschaft geht die Trennung zu 80 % von der Frau aus (Rosenkranz und Rost 1996, S. 33).

Auch der Einfluss sozialstruktureller Faktoren auf Trennungen wurde untersucht. Dabei ist herauszustellen, dass diese Faktoren bei Trennungen zunächst eine geringe Rolle spielen (Rosenkranz und Rost 1996, S. 36). So gab es in Bezug auf Bildung keine Unterschiede. Auch der berufliche Status führt nicht zur Trennung. Das Scheidungsrisiko hat also überhaupt nichts mit dem Berufsstatus zu tun. Das Alter spielt ebenfalls keine Rolle. Junge und alte Paare trennen sich gleichermaßen. Ebenso wenig konnte ein Stadt-Land-Gefälle nachgewiesen werden, wenngleich andere Studien ergaben, dass Ehen auf dem Land unglücklicher verlaufen. Auch die Höhe des individuell verfügbaren Einkommens konnte nicht als Scheidungsgrund ausgemacht werden. Weiterhin lassen sich keine Zusammenhänge ableiten aus dem Scheidungsrisiko und der Religionszugehörigkeit, dem Scheidungsrisiko und der Kinderzahl sowie dem Scheidungsrisiko und dem Sozialstatus (Rosenkranz und Rost 1996, S. 37).

Zusammenfassend kommen die beiden Forscher zu dem Ergebnis, dass bereits kurz nach der Eheschließung auffällige Unterschiede bestehen zwischen Paaren, die sich in den ersten Ehejahren trennen, und denen, die sich nicht trennen (Rosenkranz und Rost 1996, S. 51). Dabei sind es nicht, die sozialstrukturellen Merkmale, welche ausschlaggebend sind,

> […] wohl aber in der Zufriedenheit mit der Partnerschaft, in den persönlichen Lebensbiographien, in der Herkunftsfamilie und den Lebensorientierungen der einzelnen, wobei wir bei letzterem eine höhere Heterogamie für getrennte Paare nachweisen konnten. (Rosenkranz und Rost 1996, S. 51)

Zusammenfassend lässt sich feststellen, dass den emotionalen Faktoren in einer Partnerschaft heute eine viel größere Bedeutung zukommt als früher. Die Ehe bzw. Partnerschaft als Versorgungsgemeinschaft hat ausgedient und ist auch kein „Selbstläufer". Eine Partnerschaft muss immer wieder neu belebt werden. Langeweile und Routine sind ebenso tödlich für eine Partnerschaft wie der Mangel an Respekt, Einfühlungsvermögen und Vertrauen. Eine Partnerschaft benötigt eine eigene Kultur, um auch dann, wenn die Leidenschaft vorbei ist, weiterzubestehen und mit Konflikten, die früher oder später entstehen, konstruktiv umzugehen.

12.3 Wie gehe ich konstruktiv mit Konflikten in der Partnerschaft um?

Liebe verwandelt sich in Hass – aus und vorbei – ein neuer Partner, und alles beginnt von vorn. Nur: Der neue Partner ist selten besser – nur anders. Irgendwann entstehen wieder

Konflikte. Das Spiel kann endlos so weitergehen, wenn der konstruktive Umgang mit Konflikten nicht erlernt wird. Wie bereits erwähnt, hat die Ehe ihren Status als Versorgungsgemeinschaft verloren. Die Frau ordnet sich dem Mann nicht mehr unter. Das Gelingen der Partnerschaft hängt von beiden Partnern ab. Das Zusammenleben sollte fair verlaufen. Das Problem ist aber, dass mitunter unterschiedliche Normen und Werte aufeinanderprallen, wenn ein Partner in traditionellen Werten verankert ist (Fliegel 1998). Heute verläuft eine Partnerschaft nach den aktuellen Bedürfnissen der Partner. Dabei gilt es immer wieder, neue Lösungen zu finden und Ziele neu zu definieren. Das ist anstrengend.

Häufig führt die Kontrollsucht eines Partners zu Streitigkeiten. Hinter solch einer Kontrollsucht steckt immer die Unsicherheit eines Partners. Möglicherweise bekommt der kontrollsüchtige Partner nicht genügend Aufmerksamkeit. Deshalb ist es für den anderen Partner wichtig, die Motive der Kontrollsucht herauszufinden und auszuräumen. Doch mittlerweile ist es modern geworden, einem Streit aus dem Weg zu gehen, indem der Partner verlassen wird. Häufig erfolgt die Trennung auch nur innerlich. Bei einer Trennung wird die Auseinandersetzung mit den abweichenden Lebensgewohnheiten vermieden (Fliegel 1998). Ein Paar, das bereits am Anfang viel streitet, wird sich entweder schnell trennen, oder es entsteht eine destruktive Abhängigkeit (Fliegel 1998). Viele Paare haben die Hoffnung, dass sich irgendwann alles ändert. Diese Hoffnungen basieren vielmals auf dem Wenn-dann-Prinzip: Wenn das Kind erst auf der Welt ist, dann wird sich alles zum Guten werden. Oder: Wenn wir erst verheiratet sind, dann verstehen wir uns automatisch besser. Diese Hoffnungen sind vergeblich. Eine Änderung der äußeren Umstände führt die Partner nicht neu zusammen, denn die Ursache der Konflikte liegt in den Partnern selbst begründet.

Es gibt die unterschiedlichsten, destruktiven Versuche, Konflikte zu lösen. Dazu gehören Resignation, Schweigen, Wutausbrüche oder gar körperliche Gewalt (Fliegel 1998). Auch ökonomische Spannungen wie Armut, Arbeitslosigkeit oder Generationskonflikte münden nicht selten in eine handfeste Auseinandersetzung. Problematisch an den ungeklärten Konflikten ist, dass alte Konflikte in die neuen Konflikte einbezogen werden. Oft sind Streitigkeiten auch Machtkämpfe. Streitigkeiten münden häufig in einen Teufelskreis. Gestritten wird über die unterschiedlichsten Dinge, beispielsweise Geld, Haushaltsführung, Wohnung, Freizeit, Urlaub, Beruf, Kindererziehung, Freunde, Sexualität und Verwandtschaft (Fliegel 1998). Konflikte können auch zerredet werden. Besonders kritisch ist es, wenn nur ein Partner versucht, über Konflikte zu sprechen, und sich der andere zurückzieht. Das wird leicht als mangelnde Investition in die Partnerschaft gewertet.

Konstruktiv geführte Auseinandersetzungen sind Garant für den langen Bestand einer Beziehung:

> Eine auf länger angelegte Partnerschaft beweist sich meist in den Kleinigkeiten des Alltags wie Haushaltsführung, Umgang mit Geld, Toleranz gegenüber den kleinen Fehlern des anderen, Toleranz gegenüber nicht verletzenden Freiheiten des anderen, Kindererziehung usw. (Fliegel 1998)

Der konstruktive Umgang mit Konflikten ist eine wichtige Basis. Niemals sollte Ärger aus Harmoniebedürfnis „reingefressen", sondern möglichst sachlich ausgedrückt werden. In einem Streit sollten nur die aktuellen Probleme zur Sprache kommen. Konflikte müssen frühzeitig beseitigt werden, damit sie sich nicht hochschaukeln. Auch die Schuldfrage gehört nicht in einen Streit. Schuldvorwürfe fordern Rechtfertigungen heraus. Beide Partner sollten dem jeweils anderen geduldig zuhören. Ein Streit endet mit einer Einigung bzw. einem Kompromiss. Sieger oder Verlierer gehören nicht in eine gute Streitkultur. Wichtig ist, dass der Partner mit seinem Ärger ernst genommen wird. Wenn der andere lediglich in die Verteidigungsposition rückt, ist dies zu wenig. Sarkasmus, Zynismus und Sarkasmus sind Gift für die Ehe (Fliegel 1998). Rücksichtslosigkeit und Kompromisslosigkeit zerstören die Beziehung ebenfalls.

Häufig entstehen die destruktiven Muster in der Kindheit. Ein Kind, das ständig in die Streitigkeiten der Eltern hineingezogen wurde bzw. diese hörte, wird als Erwachsener selbst zum Streit neigen. Interessant ist auch die Tatsache, dass ein faires Streiten nur in Beziehungen möglich ist, in denen grundlegendes Vertrauen und gegenseitige Achtung herrschen. Andernfalls ist Streit immer ein Nebenschauplatz grundlegender Beziehungskonflikte. Doch: Eine veränderte Streitkultur ist in der Lage, die Beziehung insgesamt zu verbessern. Folgendes Vorgehen ist sinnvoll:

* Gute Stimmung verbreiten
* Den Partner lieben, wie er ist
* Freundschaften pflegen

* Für sich selbst sorgen
* Miteinander über Gefühle reden
* Komplimente machen
* Zuhören lernen

Am schwierigsten ist die Urlaubs- und die Weihnachtszeit für langjährige Partnerschaften. Jede dritte Scheidung wird nach einer gemeinsamen Reise eingereicht (Fliegel 1998). Dabei führt nicht der Urlaub selbst zur Krise, ausschlagend ist bei vielen die mangelnde Redezeit im Alltag. Im Urlaub sind die Partner ständig mit sich konfrontiert und müssen sich mit sich auseinandersetzen. So werden unangenehme Eigenschaften ständig spürbar. Bereits vorhandene Konflikte können im Urlaub eskalieren. Häufig wird erwartet, dass sich die bereits brüchigen Beziehungen im Urlaub verbessern. Man sollte den Anspruch aufgeben, alles gemeinsam machen zu wollen, und stattdessen Spielregeln definieren, wie der Urlaub gestaltet wird (Fliegel 1998). Eine zu hohe Erwartung an den Urlaub führt zum Scheitern. Mit in den Urlaub fährt also ein ganzer Rucksack voller Probleme.

Eine Ehe einzugehen, mit dem einfachen Ziel glücklich zu sein, wird scheitern, weil es darauf keine Garantie gibt. Und überhaupt wird das Eheglück in diesem Fall vom anderen abhängig gemacht. Jeder sollte aber in erster Linie sich selbst lieben, achten und schätzen, ehe er eine Partnerschaft eingeht. Viele suchen im Partner jemanden, der sämtliche Bedürfnisse erfüllt: Babysitter, Erzieher, Haushaltshilfe, Koch, Betthäschen, Vertrauten und Psychotherapeuten. Das kann nur scheitern. So gibt es zehn Regeln für eine stabile Partnerschaft (Fliegel 1998):

* Verzeihen
* Loslassen
* Einander gut kennen
* Versöhnung mit der Vergangenheit
* Betonung auf das Positive legen
* Einander verzeihen
* Räume für Intimität schaffen
* Ausgleich schaffen
* Probleme zu gemeinsamen Problemen machen
* Krisen als Entwicklungschance wahrnehmen
* Gemeinsame Sinnwelten und Lebensperspektiven schaffen

Für weitere Informationen zu diesen Themen liefert auch das Ratgeberbuch von Jörg Berger „Liebe lässt sich lernen" interessante Informationen.

12.4 Machen Partnerschaft und Familie glücklich?

Ob und wie eine Familie glücklich macht, kann jeder selbst entscheiden, der eine Familie hat. Und eine Familie hat ja jeder, entweder die Herkunftsfamilie oder die selbst gegründete. Dass beide – die Herkunfts- und die eigene Familie – etwas miteinander zu tun haben, ist den meisten nicht bewusst. Doch das gilt insbesondere in Bezug auf den Glücksfaktor. Ich bin so glücklich und beziehungsfähig, wie ich es in meiner Herkunftsfamilie gelernt habe. Man lernt also von seinen Eltern nicht nur, mit Messer und Gabel zu essen, sondern auch eine grundsätzliche emotionale

Schwingfähigkeit, wie es der Psychologe nennt. Bis vor einigen Jahren hat sich die Psychologie übrigens mehr damit beschäftigt, wie man durch seine Lebensumstände unglücklich und krank wird, als das Gegenteil zu untersuchen, nämlich wie man glücklich und gesund bleibt. Letzteres findet in der Resilienzforschung seine Würdigung. Resilienz ist dabei die psychische Widerstandskraft eines Menschen, sozusagen sein seelisches Immunsystem. Die Resilienz ist dabei zum einen genetisch bedingt, wobei es drei Gruppen gibt (Wunsch 2013):

* Rund 25 % der Menschen haben ideale Gene und können quasi durch nichts aus der Bahn geworfen werden. Weder Drogen noch familiäre Krisen machen sie krank.
* Weitere 25 % haben schlechte Gene und sind hochgradig stressanfällig und labil. Der Psychologe spricht hier auch von Neurotizismus.
* 50 % sind Mischtypen und könnten ein glückliches Leben führen oder in seelischer Krankheit eingehen.

Und diese 50 % stehen am Anfang ihres Lebens vor der ihnen nicht bewussten Frage, welchen Weg sie einschlagen werden – den Weg in seelische Stabilität oder in Fahrigkeit und Verdruss. Die Frage wird entschieden durch die Bindung. Der Begriff „Bindung" ist in der Psychologie ungefähr so wichtig wie in der Physik der Begriff „Atom". Unter einem Atom kann man sich nach einem erfolgreichen Realschulabschluss aber eventuell mehr vorstellen als unter dem Bindungsbegriff. Nun, beide sind nicht sichtbar, aber Bindung ist eine absolut abstrakte Einheit, während Atome physikalisch existieren.

12.4.1 Was ist Bindung?

Bindung ist die Qualität und Intimität einer Beziehung zu einem wichtigen Menschen. Im Idealfall ist dies ein Elternteil, im idealsten Fall ist es die eigene Mutter. Es können natürlich auch Ersatzpersonen sein, die sich ein Kind automatisch sucht, wenn die leiblichen Eltern seine Bedürfnisse nicht erfüllen: Großeltern, Geschwister, Onkel, Tanten oder Heimerzieher.

Die Bindung entsteht durch Vertrauen. Dies beginnt in Form des Urvertrauens bereits im ersten Lebensjahr. Die Verlässlichkeit der Eltern und ihre stetige, gewaltfreie Zuwendung und Bedürfniserfüllung ermöglichen Bindung. Erkennbar ist dies selbst bei Kleinkindern, wenn man sie plötzlich in einem fremden Raum allein lässt. Die Kinder in einer guten, stabilen Bindung fangen nicht gleich an zu schreien, sondern warten – vertrauend darauf, dass die Mutter bald wieder kommt – auf ihre jeweilige Bezugsperson.

Wer denkt, dass man ohne diese Bindung in den ersten Lebensjahren bis ins hohe Alter hinein eine stabile Persönlichkeit haben kann, irrt wahrscheinlich – außer man gehört zu den 25 % genetisch absolut resilienten Menschen. Die anderen 75 % haben ohne feste Bindung ein höheres Risiko für psychische und teils auch körperliche Krankheiten (So ist ein Magengeschwür mehr eine psychische als eine körperliche Erkrankung). Man wird also nicht nur psychisch labiler, sondern tendenziell auch beziehungsunfähiger.

Man geht davon aus, dass spätere Paarbeziehungen eine indirekte Wiederholung der Beziehung zum wichtigsten Elternteil sind. Konflikte und Themen, die mit den Eltern ausgehandelt wurden, werden auch mit dem Ehepartner wieder ausgehandelt, z. B. die Frage der Sauberkeit: Mit zwölf bis 18 Monaten sollte das Kind gelernt haben, auf den Topf zu gehen, statt in die Windel zu machen. Dies führt zu Konflikten mit den Eltern. Später ist es das Aufräumen des Zimmers. Und viel später sind es die herumliegenden Socken und der nicht heruntergeklappte Klodeckel, um mal ganz tief in die Klischeekiste zu greifen. Man kann sich unschwer vorstellen, was es bedeutet, wenn man sich als Kind und Jugendlicher ständig mit den Eltern in den Haaren hatte – mit dem eigenen Partner wird es später dasselbe sein.

Es ist natürlich nicht allein die Schuld der Kinder oder Teenies, wenn es mit den Eltern zum Streit kommt. Die absolut entscheidende Frage ist die der psychischen Gesundheit der eigenen Eltern. Man geht davon aus, dass rund 3 Mio. Kinder in Deutschland mindestens ein psychisch krankes Elternteil haben. Dies ist immer eine zumindest schwierige Entwicklungsprognose. Doch auch das Gegenteil ist suboptimal: sogenannte Helikoptereltern, die dem Kind zu viel Zuwendung und Anerkennung schenken. Schlechte Noten oder nicht erreichte Studienplätze werden dann sofort juristisch angegangen, ohne zu hinterfragen, ob sie gerechtfertigt sind oder nicht. Diese Kinder werden nicht fit genug sein für den Alltag, sie werden mit Frustrationen nicht umgehen können und überhöhte Fürsorglichkeitserwartungen an einen späteren Partner stellen.

12.4.2   Ist Bindung ein bewusster Prozess?

Der Fairness halber muss man sagen, dass vieles von den eben dargestellten Zusammenhängen einer psychoanalytischen Sichtweise entspricht. Diese erklärt Glück und Beziehungsfähigkeit immer über die Kindheit – mit der Folge übrigens, dass Patienten nach einer Psychoanalyse (auf der Couch) nichts mehr von ihren Eltern wissen wollen.

Die Psychoanalyse hat bis vor einigen Jahren nicht gerade viel Anerkennung in der Psychologie erlebt. Erst langsam erkennt man wieder, was man nur durch sie erklären kann. Die moderne Psychologie war und ist in Bezug zu dem, was Freud sagte, relativ oberflächlich geworden. Aber man kann nicht jedes Problem mit Synapsen erklären oder gar mit einem Coaching-Programm wegtrainieren – auch das Lesen von Ratgeberbüchern wird niemals die unterbewussten Probleme des Lesers lösen.

Erich Fromm formulierte es treffend in seinem Vortrag „Psychologie für Nichtpsychologen" (https://www.youtube.com/watch?v=IBptpTfOvh8) in Form einer Anekdote: Ein Mann geht ins Restaurant und lässt sich die Speisekarte bringen. Nach zehn Minuten kommt der Ober und fragt, was der Mann essen wolle. Daraufhin antwortet dieser, dass ihm nichts von der Speisekarte gefalle, und verlässt das Lokal. Zwei Wochen später kommt er wieder, und als ihn der Ober erkennt, fragt dieser, ob ihm denn diesmal ein Gericht zusagen würde. Darauf antwortet der Mann, dass ihm eigentlich alle Speisen gefallen, er aber damals so ablehnend antwortete, da ihm sein Psychologe riet, sich in Selbstbehauptung zu trainieren.

Als Laie würde man diesem therapeutischen Vorgehen wahrscheinlich beipflichten. Doch warum hat der Mann keine Selbstbehauptung, also kein Selbstvertrauen? Lässt sich durch solche Übungen überhaupt herstellen? Kann man sich überhaupt verändern, wenn einem die Ursache des Verhaltensproblems nicht bewusst gemacht wird? Wenn ein Ernährungscoach einer adipösen Familie zu einer neuen Ernährung rät und zunächst den Kühlschrank ausmistet, fragt er nicht nach den ursächlichen Problemen der Familie. Sicher wüssten sie mit ihrer Zeit nichts Besseres anzufangen, als viel zu essen. Vielleicht haben sie es aber von ihren eigenen Eltern nie anders gesehen und als Versuch, Anerkennung und Sicherheit zu bekommen, selbst so gemacht.

Die Antworten liegen also tiefer, als es den Betroffenen und Therapeuten oft recht ist. Eine wahrscheinlich fortschrittliche Entwicklung ermöglicht die systemische Therapie. Sie beschäftigt sich vor allem mit familiären Zusammenhängen bei psychischen Problemen.

12.4.3   Macht Bindung glücklich?

Eine stabile Bindung zum Partner kann tatsächlich das Wohlbefinden steigern. Das große Glück liegt ja für die meisten in der Liebe. Und Liebe ist noch von keiner Wissenschaft vollständig umschrieben worden. Wie wir festgestellt haben, hängt die Fähigkeit, sich binden und lieben zu können, von den frühkindlichen Bindungen ab – und von den Resilienzgenen. Das heißt aber nicht, dass man mit jeder x-beliebigen Person eine tolle Beziehung haben wird. Ein bisschen Gegenseitigkeit sollte schon vorhanden sein. In der oben erwähnten systemischen Therapie spricht man dabei auch vom Beziehungskonto. Dieses funktioniert ohne Geld, dafür aber mit Ein- und Auszahlungen durch zwischenmenschliche Gesten: Dem anderen zuhören, ihn liebkosen, Aufgaben abnehmen, gute Laune haben usw. sind Einzahlungen; Gereiztheit, Ignoranz, Fremdgehen, schlechte Laune usw. sind Auszahlungen. Entscheidend ist die schwarze Null, die auf beiderlei Seiten auf dem Konto verbuchbar sein sollte. Ist einer von beiden immer in den roten Zahlen, was automatisch hieße, dass der andere im Plus ist, droht die Beziehung zu kippen. Man sollte aber nicht denken, das Konto ausgleichen zu können nach dem Motto: Mein Partner hat mich dreimal betrogen, also kann ich es ihm jetzt dreimal gleichtun. Dann sind beide in den roten Zahlen.

12.4.4   Was ist bedingungslose Liebe?

„Nach dem Verliebtsein beginnt die Liebe", soll Schiller gesagt haben. Abgesehen davon, dass zu Schillers Zeiten Ehebeziehungen festgeschrieben waren wie Psalmen in der Bibel, hat die Aussage weittragende Bedeutung. Wie bereits beschrieben, kann man nicht von einem ewig dauernden, romantischen, emotionalen Idealzustand in einer Partnerschaft ausgehen. Die Probleme kommen von ganz alleine, sowohl die Probleme im Kopf als auch jene echten, sachlichen – man könnte auch sagen physikalischen – Probleme: der nette Brief vom Finanzamt, der defekte PKW, die promiske neue Praktikantin, die schlechten Zeugnisse des einzigen Kindes, die vergrößerte Prostata usw.

In solchen Situationen zeigt sich, was die Beziehung aushält – in guten wie in schlechten Zeiten. Und in ganz schlechten Zeiten? Wenn man nicht 65 Jahre wartet, bis man mit dem Partner zusammenzieht, wird man früher oder später Charakterzüge an ihm feststellen, die man so nicht kannte und auch nie gemocht hätte. Und diese kommen besonders dann zutage, wenn gravierende physikalische Probleme auftreten. Bei der bedingungslosen Liebe liebt man den Partner nicht, weil er so ist, wie man selbst es will, sondern weil er so ist, wie er ist. Ohne Attribut. Ohne Forderungen. Je weniger man erwartet, desto weniger wird man enttäuscht.

Zunächst muss man akzeptieren – all das, was man nicht ändern kann. Um akzeptieren zu können, muss man loslassen – von Erwartungen. Der Prinz wird irgendwann von seinem Ross absteigen, weil er aufs Klo muss, und danach mit seinen Kumpels beim Fußballschauen Bier trinken. Liebesfilme enden meist vorher. Sie zeigen Romeo nicht beim Sportschaugucken mit einem Krombacher in der Hand, während Julia Zwiebeln schneidet. Was nicht heißen soll, dass Shakespeares vorgesehenes Ende für beide besser war.

12.4.5   Erwarten wir zu viel?

Wie gesagt, je mehr man erwartet, umso schneller ist man enttäuscht. Würden wir hingegen nichts erwarten, würden wir uns wohl gar nicht erst einen Partner suchen. Woher kommen dann die Erwartungen? Und woher weiß man, ob sie zu hoch sind?

Die Erwartungen an einen Partner ergeben sich aus vielfältigen Erfahrungsprozessen im Kontakt mit den Eltern, den Freunden und den Medien. Entscheidend ist auch, aus welcher Generation man kommt und in welcher Ecke man wohnt. Frauen aus der ehemaligen DDR haben wohl nach der Wende vor allem Partner gesucht, die finanziell gut dastehen. Das ist deshalb interessant, weil die SED immer das Bild vermitteln wollte, dass Geld letztlich unwichtig ist. Der soziale Status eines Menschen ist heute, 25 Jahre später, sicherlich auch noch wichtig, aber psychologische Eigenschaften wie Humor und Einfühlungsvermögen zählen mehr denn je. Das heißt auch, dass die Erwartungen steigen. Der Mann sollte weibliche und männliche Eigenschaften zugleich haben – einfühlsam und karriereorientiert. Die Frau muss gut aussehen und Kinder wollen.

Je mehr wir sehen, was möglich ist, desto mehr lassen wir uns auf Idealvorstellungen ein. Wahrscheinlich ist unser Leben vom sozialen Standard zwar leichter geworden (im Vergleich zur Kriegs- und Nachkriegsgeneration), von den psychologischen Anforderungen aber schwerer. Wir erkranken nicht mehr an Staublungen, aber an Burnout. Wir streiten nicht über Geld, sondern über Kindererziehung. Sicherlich ist dies ein etwas hart gezeichneter Blick auf die gesellschaftlichen Rahmenbedingungen, aber ein Problem bleiben sie trotzdem.

Im besten Falle hat man einen Partner, mit dem man über diese Dinge sprechen kann. Denn: Nur Menschen, die reden, kann man auch helfen. Und bei aller Erwartung an die Verlässlichkeit und Kulanz des Gegenübers sollte man auch seine eigenen Unzulänglichkeiten betrachten. Was hat man selbst nicht schon alles vom Beziehungskonto abgehoben? Wo war man unverlässlich und nicht loyal? Man hat immer die Neigung, die eigene Kompetenz überzubetonen und im Streitfall die Schwächen des anderen zu exponieren. Doch Beziehungen gestalten sich auch selbst, sie sind, fachlich ausgedrückt, autopoietisch. Es gibt immer zentripetale und zentrifugale Kräfte, d. h. zusammenschweißende und auseinanderdividierende Impulse. Das, was die Beziehung stärkt, ist die Erfahrung, etwas gemeinsam bewältigt zu haben, gute und schlechte Jahre erlebt zu haben. Diese

Erfahrung kann man in sechs Monaten Partnerschaft voller Sex, Lobhudelei und Selbstbeweihräucherung wohl kaum erleben. Man sollte sich also Zeit geben …

12.4.6   Muss man alles akzeptieren?

Heinz Rudolf Kunze sang einmal in einem Lied: „Was wirklich zählt, ist nur das, was zu ändern ist." Man streitet sich oft über Dinge, die aufgrund ihrer Unabänderlichkeit nicht lohnen, diskutiert zu werden. Trotzdem gibt es Tendenzen und Eigenschaften am anderen, die nicht tolerierbar und aus eigener Kraft nicht änderbar sind. Das können viele Dinge sein: die Alkoholsucht des Partners, die chronische Untreue, das Hobby, das 99 % der Freizeit verschlingt. Natürlich kann man auch über all diese Dinge reden. Man muss es auch – diese Chance sollte man dem Partner geben. Man kann sich bei Problemen auch Rat bei Freunden, Büchern oder Therapeuten holen. Aber man muss sich auch nicht sein Leben „versauen". Schillerfreunde werden sofort ein weiteres seiner Bonmots auf den Lippen haben: „Lieber ein Ende mit Schrecken als ein Schrecken ohne Ende." Die Fähigkeit zur grundsätzlichen Veränderung von Lebenswegen erfordert dabei einiges an guter Konstitution.

12.4.7   Wie kann man sein Leben ändern?

Der Psychologe Carl Rogers (1902–1987) hielt die Veränderungsbereitschaft für eine der zentralen Fragen der seelischen Gesundheit. Er machte aus ihr sogar eine Art Grundbedürfnis: die Selbstaktualisierungstendenz. Der Mensch will seine Fähigkeiten und Möglichkeiten immer auf einem optimalen Level erhalten und muss dafür Änderungen in Kauf nehmen.

Letztlich scheitern Veränderungen oft an der Angst vor dem Neuen. Das, was ich kenne, ist mir vertraut, das Neue birgt immer ein Risiko. Und es gibt die Macht der Routine. Diese beschrieb der einflussreiche Psychotherapeut und Philosoph Paul Watzlawik in einem Interview treffend: Ein Paar hat geheiratet. Am ersten Tag nach der Hochzeit kommt der Mann zum Frühstück, das seine Frau in aller Liebe bereits zubereitete. Dabei stand auf seinem Platz eine Schüssel Cornflakes. Diese mochte der Mann eigentlich nicht, er wollte aber am ersten Tag der Ehe nicht rumnörgeln und zwang sie sich runter. Am zweiten Tag bekam er wieder Cornflakes. Der Mann entschied sich, sie so lange zu essen, bis die Packung leer war. Die fürsorgliche Ehefrau hatte inzwischen aber bereits eine neue Packung gekauft. Der Mann war seit 25 Jahren verheiratet, als Watzlawik von ihm erzählte. Und – man ahnt es – er aß seitdem jeden Morgen Cornflakes.

Was hätte der Mann anders machen sollen? Gleich am ersten Morgen die Cornflakes an die Wand schmeißen? Oder erst am zweiten Tag? Beides wäre natürlich falsch gewesen. Trotzdem hätte er etwas an seinem Leben ändern können, indem er seiner Frau gesagt hätte, dass er keine Cornflakes mag. Laut Watzlawik hätte er dabei die Beziehungs- und die Sachebene beachten müssen. Er hätte also sagen sollen: „Schatz, ich danke dir, dass du dir die Mühe mit dem Frühstück gegeben hast (Beziehungsebene), aber ich mag keine Cornflakes (Sachebene)".

Es ist möglich, am eigenen Leben etwas zu ändern, indem man seine Mitmenschen beeinflusst. Grundsätzlich sollte man Folgendes dabei beachten:

* Immer in der Ich-Form sprechen
* Die Aussage als Ausdruck des eigenen Empfindens formulieren („Ich finde, dass …", „Ich könnte mir vorstellen, dass …" usw.)
* Möglichst ein konkretes Ereignis oder Resultat ansprechen, das noch nicht allzu lange zurückliegt
* Nicht verallgemeinern („Du machst doch immer …")
* Mehr loben als kritisieren (auch wenn es am Anfang schwerfällt)
* Ehrlich und wertschätzend bleiben
* Die richtige Situation abwarten (im größten Streit wählt man meistens die falschen Worte)

Das gilt sowohl für den Partner als auch die Kinder, Freunde und Kollegen. Verbirgt sich hinter dem Verhalten aber ein tiefgreifendes, meistens psychisches Problem, für das derjenige keine Hilfe annehmen will (die heute für alle psychischen Störungen möglich ist), sollte man überlegen, das Verhältnis zu dieser Person zu beenden oder zumindest „auf Eis zu legen". In besonders harten Fällen kann dies auch den Kontaktabbruch zu den eigenen Kindern bedeuten. (Eine Patientin war wegen psychischer Überforderung nach vielen Jahren des Stresses durch ihre mehrfach verurteilten, drogensüchtigen Kinder in der Klinik; sie hatte Krebs, Depressionen und Angststörungen. Ihre volljährigen Kinder wollten nicht ausziehen und klauten ihr Geld und ihr Beruhigungsmittel. Erst als einer der Söhne aus Unachtsamkeit oder Wut das Haus abfackelte, kam es zum Bruch.)

„Der Krug geht so lange zum Brunnen, bis er bricht!", sagt der Volksmund. Wenn ich mir selbst vertraue und davon überzeugt bin, nach einer Trennung nicht in ewiger Einsamkeit und Lethargie dahinzufristen, kann ich leichter einen Umbruch schaffen. Der stabile Kontakt zu Freunden und Verwandten, aber auch die erhaltbare Eigenständigkeit durch finanzielle Souveränität können hier zuträglich sein.

Letztlich geht es immer wieder um Ressourcen, d. h. Eigenschaften und Vorteile, die entweder in der eigenen Person oder dem eigenen sozialen und wirtschaftlichen Umfeld begründet sind. Bis zu dem Zeitpunkt, wo ich noch nicht die nahezu 100 %ige Sicherheit bei meinem Partner verspüre, für immer mit ihm zusammen sein zu können, sollte ich mir also etwas von der Souveränität erhalten: den eigenen Freundeskreis, den eigenen Job, den eigenen Verein, den eigenen Charakter. Letzteres empfiehlt sich jedoch auch in einer stabilen Partnerschaft, solange die Interessen für mein Leben außerhalb der Ehe nicht überhand nehmen.

12.4.8 Darf man niemals Fehler machen?

Natürlich klingt das so, als ob man sein Leben als eine Aneinanderreihung richtiger Entscheidungen führen könnte. Dem ist nicht so! Sepp Herberger sagte einmal, Tore entstehen aus Fehlern – aus Fehlern der Mannschaft, die das Tor kassierten. Doch Fehler sollten nicht zuletzt in der Psychologie und Pädagogik als Lerngrundlage erachtet werden.

Vera F. Birkenbihl nannte dies in einem ihrer Vorträge den Ball-ins-Tor-Effekt. Wenn man lernt, einen Ball auf ein Tor zu schießen, macht man immer wieder kleine Fehler. Dies erkennt man daran, dass man nicht trifft oder der Torwart den Ball locker pariert. Also wird man seine Technik leicht modifizieren. So lernt man fast spielend, ein guter Schütze zu werden (ein bisschen Talent gehört natürlich auch dazu). Und so ist es auch im Leben. Es gibt keine Fehler, nur Resultate. Erziehung, Partnerschaft und Lebensführung sind keinen festen, idealen Regeln untergeordnet. Sie geschehen meist nach dem Versuch-und-Irrtum-Prinzip, also dem Ball-ins-Tor-Effekt. Erforderlich aber sind Kritikfähigkeit und Veränderungsbereitschaft. Vor allem Letzteres ist der heutigen Generation der Alten so gut wie fremd. Man lässt sich nicht scheiden, man meckert nicht, Hauptsache, es gibt etwas Warmes zu essen. Von diesem Habitus des Nichtklagens leben quasi viele Heime in ihrer allenfalls erreichbaren Sicherstellung von Grundbedürfnissen. Aber auch viele Ehen – in ihrer teils emotionslosen Routine.

12.4.9 Woran erkennt man, ob man glücklich ist?

Glück ist ein Gemütszustand, der vom Gehirn kaum länger als wenige Stunden ausgehalten werden kann. Es ist ein gewisser Überschuss aus Serotonin, Dopamin und Adrenalin, der glücklich macht. Dieses Empfinden können wir spüren. Wichtiger ist aber die Zufriedenheit, also die grundsätzliche Stimmungslage als eine Folge einer einzig hohen Serotoninkonzentration. Dabei ist die Wahrnehmung auf die Welt verändert, man sieht vieles positiv, man hat weniger Angst, kann gut schlafen, hat einen angemessenen Appetit und ist weniger gereizt. Auch die sexuelle Lust ist vorhanden, und man zweifelt nicht ständig an sich selbst. Anhand dieser Zufriedenheitsindikatoren kann man ein wenig den eigenen Status quo einschätzen.

Eine depressive Störung als das krasse Gegenteil dieser Kriterien beginnt dabei erst nach mehreren Monaten dauerhafter Antriebslosigkeit und Traurigkeit. Auch wiederholte körperliche Beschwerden ohne eindeutige Ursache können auf krankhaftes Unglücklichsein hindeuten. Ob man nun den Zustand hoher Zufriedenheit als erstrebenswert erachtet oder den nicht radikaler Unzufriedenheit, bleibt jedem selbst überlassen. Entscheidend sind hier wieder die Erwartungen an das eigene Leben. Je höher die Erwartung, desto höher das Frustrationspotenzial. In jedem Fall kann man aber sagen, dass das Fehlen von Zufriedenheit oder sogar die Ausprägung einer Depression immer ein Anzeichen einer nichtadäquaten Lebensführung sind. Der oben erwähnte Carl Rogers nannte dies die Selbstbewertungstendenz: Ich schaue meinen Ist-Zustand an und frage, was ich verbessern kann. Dies erfordert in höchstem Maße Ehrlichkeit zu sich selbst und seinem Leben.

12.5 Warum Kinder?

Der Trickfilmheld Homer Simpson, nicht unbedingt für seine Intelligenz bekannt, fand einmal $ 20 unter den Kissen seiner durchgesessenen Fernsehcouch. Er freute sich und hielt darauf kurz inne, um zu überlegen, was denn jetzt so toll sei. „Geld kann man gegen Waren und Dienstleistungen eintauschen", war seine prompte Antwort. In der Banalität dieses Gedankengangs könnte man auch die Antwort auf die Frage „Kinder machen glücklich, oder?" finden.

Ein Volkswirt könnte weitaus komplexer auf Homer Simpsons Frage antworten, und ein Psychologe auf die Titelfrage. Wenn dann noch ein Pädagoge, ein Philosoph und ein Soziologe ihre Antworten beisteuern, ist die Sachlage noch komplizierter.

Zuerst muss man sagen, dass Kinder das Leben nicht unbedingt stabilisieren und erleichtern. Hierzu gibt es verschiedene wissenschaftliche Studien. Unter anderem empfinden Eltern extremere Gefühle als Kinderlose; dies gilt allerdings sowohl für positive als auch negative Emotionen. Die Lebenserwartung ist nicht signifikant höher, aber auch nicht kürzer. Kinder zu bekommen, hat also keine medizinischen Vorteile. Auch psychologische Vorteile sind nicht unbedingt immanent. Auf das Kinderkriegen übertragen könnte man überspitzt sagen: Beide Partner sollten seelisch stabil sein und die Kinder nicht aus Frust über verfehlte andere Lebensplanungen bekommen.

12.5.1 Kinderkriegen: Bitte nur Glückliche!?

Sollte man nur denjenigen das Kinderkriegen erlauben, die mehrere psychologische Tests erfolgreich absolviert haben und die richtige Lebenseinstellung besitzen? (Ähnliche Überlegungen gab es vor einigen Jahren tatsächlich in Form eines Elternführerscheins – er wurde nie realisiert.) Da fehlt aber noch eine Kleinigkeit: der richtige Partner! Und zwar einer, der psychisch absolut klinisch unauffällig ist und eine *optimalste* Lebensplanung hat. Wie wahrscheinlich ist das? Zudem sollte er ja auch noch charakterlich zu einem passen. Eckart von Hirschhausen sagte dazu einmal: Wenn es für jeden genau einen richtigen Partner gibt, dann müsste nur einer den falschen haben, und die Rechnung geht für alle anderen nicht mehr auf.

Laut Schätzungen haben bis zu 90 % der Deutschen in ihrem Leben einmalig leichtere psychische Probleme. 50 % der Frauen und 30 % der Männer haben längerfristig Störungen, die auch behandlungsbedürftig sein können (auch wenn längst nicht alle von jenen in Behandlung gehen). Einen psychisch völlig normalen, gesunden Partner zu finden, ist also schwierig. Nichtsdestotrotz bleibt zu vermuten, dass Kinder unter einigen Voraussetzungen für psychisch angeknackste Menschen auch von Vorteil sein könnten:

* Kinder wirken motivierend, einer festen Arbeit nachzugehen (falls zeitlich möglich).
* Kinder helfen manchen, den Konsum von Rauschmitteln einzuschränken (Startschuss könnte die Schwangerschaft sein).
* Kinder erfordern eine geregelte Lebensführung.
* Kinder können Menschen, die aufgrund von Sinnkrisen depressiv wurden, eben jenen Lebenssinn zurückgeben.

Besonders gut erkennbar ist letztgenannter Punkt am Beispiel vieler Prominenter, die teils ganze Landstriche in Drittweltländern adoptiert haben.

12.5.2   Ist die familiäre und psychische Entwicklung planbar?

Betrachtet man die Familie als soziales System, das bereits beim Zusammenschluss zweier Menschen zu einem Paar beginnt, gelten ähnlich entropische Prinzipien wie in der psychischen Entwicklung des Einzelnen. Lange Zeit ging man in der Psychologie von einer Entwicklung durch genetische Prozesse aus. Dabei sind Umwelterfahrungen zweitrangig oder gar unwichtig. Dieser sogenannte *Endogenismus* gilt zum Teil bei der Intelligenz und dem Charakter. Später kam der *Exogenismus* dazu: Er behauptete, dass nur Umwelt- und Lernerfahrungen in der Entwicklung wichtig sind, die Gene hingegen unwichtig. Dies gilt z. B. für Interessen und Phobien. Und dann gab es da noch die *Autogenisten*, die eine selbstregulierte Steuerung der psychischen Entwicklung als möglich und richtig erachteten: Ich werde, was ich werden will.

Leider – oder zum Glück – hat keiner von ihnen Recht behalten, denn mittlerweile geht man in der Psychologie von einer wechselwirkenden Dynamik aller Faktoren aus. Die Gene beeinflussen den Charakter, der Charakter die Umwelt, die Umwelt die Gene und den Charakter, und der Mensch verändert alles. *Panta rhei* („Alles fließt") lautet die Botschaft Heraklits. Wenn er gewusst hätte, was er damals schon wusste …

Die zielgerichtete Steuerung der psychischen Entwicklung der eigenen Person und der der Familienmitglieder ist also unmöglich. Man könnte das Gleichnis der Chaostheorie heranziehen: In einem großen Glaskasten befinden sich Hunderte Mausefallen; auf jeder gespannten Falle liegt ein Tischtennisball. Werfe ich nun einen Ball von außen in den Kasten, beginnt eine nahezu unberechenbare Kettenreaktion. So ist unser Leben. So geht es unseren Partnern, Kindern, Freunden usw. Könnte man nun sagen, dass es ja sowieso vermessen wäre, solche Ansprüche an Planungssicherheiten zu stellen? Nüchtern betrachtet schon, auf der anderen Seite gehen fast alle psychischen Bestrebungen des Menschen in Richtung Zukunftsplanung, Sicherheit, Vorhersagbarkeit. Die Zukunft vorherzusagen, sei das größte Bedürfnis des Menschen, sagte der fast völlig in Vergessenheit geratene Persönlichkeitsforscher George Kelly einmal.

Der Mensch schaut den Wetterbericht, liest Ratgeber, befragt Orakel. Der Erfolg von kommerziellen Horoskopanbietern und Kartenlesern ist teils erschreckend. Hier ließe sich die Anekdote vom Mann anbringen, der zur Wahrsagerin ging, an die Tür klopfte und, als diese fragte, wer da sei, das Haus enttäuscht wieder verließ. Sowohl esoterische als auch exoterische (rationale) Prognosen sind also fehlerbehaftet. Das Leben ist ein einziges Risiko. Woran werden wir erkranken? Werden meine Kinder auf das Gymnasium gehen? Wird mein Partner jemals untreu sein? Werde ich im Alter noch eine glückliche Familie haben? Man könnte auf diese Fragen lapidar mit Erich Kästner antworten, der einmal sagte: „Es gibt nichts Gutes, außer man tut es."

12.5.3 No risk, no fun?

Wir stehen also irgendwann vor der Wahl, ein scheinbar sicheres Leben als Single ohne Stress mit der Frau, mit genügend Geld auf dem Konto und abseits schreiender Kinder zu führen – oder all diese Optionen zu missachten und uns ins Abenteuer Familie stürzen. Oder, und das wäre die dritte Option, wie der buridanische Esel, der zwischen zwei gleich großen Heuhaufen verhungerte, in ewiger Verzagtheit zu fristen. Die meisten Singles sind es eher nicht aus Überzeugung. Die meisten lehnen eigene Kinder auch nicht gänzlich ab. Aber sie machen ihre Entscheidungen an Wunschsicherheiten fest, die nicht erfüllbar sind. Der Partner darf einen nie verlassen, der Chef während der Schwangerschaft nicht entlassen, die Wohnung zu dritt nicht zu klein werden, die Kumpels einen aus dem regelmäßigen Saufgelage nicht ausplanen, der Bauch die Dehnungsstreifen nicht behalten usw.

Es gibt also in Familiendingen keinen Cut-off-Punkt oder einen Return on Investment, wie es der Betriebswirt nennt. Also jenen Zeitpunkt, ab dem sich die Investition eindeutig rentiert. Der einfache Mensch hat mittlerweile mit Politikern gemein, Entscheidungen oft in absoluter Ungewissheit treffen zu müssen. Das heißt, Entscheidungen sind nie vollkommen richtig, aber auch nie völlig falsch. In der Psychologie spricht man darum von *Ambiguität*. Man könnte auch sagen, gradualistischer Ambiguität. Das bedeutet, dass Dinge und Entscheidungen sowohl gute als auch negative Eigenschaften und Resultate haben. Diese sind aber nicht absolut, sondern graduell. Es sind Feinheiten, die einer Sache ein positives oder negatives Attribut anhaften. Und diese Feinheiten gilt es, entweder zu fokussieren oder zu vernachlässigen. Womit wir beim nächsten Fachbegriff wären: der *Dissonanzreduktion*. Eines ist in der Psychologie so sicher wie das Amen in der Kirche: Man kann nach einer Entscheidung entweder positiv oder negativ über seine Reaktion nachdenken, meist ist die Bewertung aber zunächst negativ. Positiv wird sie, wenn man die negativen Seiten ignoriert. Erst so wird man glücklich trotz familiärer Streits. Man verlässt sich darauf, den ganzen Mist irgendwann vergessen und an die positiven Erlebnisse denken zu können. Denn so macht es unser Gehirn nahezu autonom: das Schlechte vergessen, um mehr Platz für das Gute zu schaffen. Und wenn man gar nie erst versucht hat, das Risiko Familie einzugehen, wird man im Alter umso mehr verzweifeln, früher so zögerlich gewesen zu sein. Die Praxis zeigt, dass fast alle Pflegepatienten mit der Situation unzufrieden sind und waren, keine Kinder gehabt zu haben – egal ob dies medizinische Gründe hatte oder aus Überzeugung geschah.

Leider wird den Menschen in der Sache der Entscheidungsnotwendigkeit einiges vorgegaukelt, was den Prozess der Familiengründung in Teilen der Mittel- und vor allem Oberschicht immer mehr hinauszögert. Die Medizin verspricht, auch mit Mitte 40 oder Anfang 50 noch problemlos Mutter werden zu können. Dabei darf man nicht vergessen, dass es sich bei den medienpräsenten Beispielen vielfach um Prominente handelt, die über viel Geld verfügen (die Kosten einer künstlichen Befruchtung betragen mehrere Tausend Euro) und in Ländern leben, wo andere gesetzliche Regelungen und Möglichkeiten bestehen (z. B. ist die Leihmutterschaft in Deutschland illegal). Ins Bewusstsein ließe sich hier auch das seit 2014 fragwürdige Bekanntheit erlangende Social freezing rufen. Das Einfrieren von Eizellen bis die Karriere endlich gepackt ist. Wenn der Arbeitgeber hier finanziell Unterstützung anbietet, entsteht schnell ein gewisser Druck, das Angebot zu nutzen. Selbst leisten könnten es sich aber sowieso nur Besserverdienende.

Vielleicht sollte man mit dem Heiraten und Kinderkriegen also gar nicht allzu lange warten. Vielleicht kann man mit dem Partner auch die meisten Probleme, die das gegenseitige Vertrauen geschmälert haben, im Vorfeld ausräumen (Paartherapie, Gespräche miteinander). In keinem Fall sollte eine Art Bäumchen-wechsel-dich-Mentalität aufkommen und man den Partner und ggf. die ganze Familie aufgrund kleinerer, lösbarer Probleme verlassen – nach der

Devise „Beim nächsten Partner wird alles besser". Für Männer ist die Aufkündigung einer Partnerschaft allein schon biologisch einfacher. Nach dem Sex können sie die Frau wieder verlassen, die Frau aber, im Falle einer Schwangerschaft, ist jahrelang auf die Unterstützung eines Partners angewiesen – nicht nur psychologisch, auch wirtschaftlich. Und ja, auch heutzutage noch. Leider wird dies allein hormonell schon nach dem Geschlechtsverkehr beeinflusst: Der Mann hat nach dem Orgasmus mehr Testosteron im Körper, wodurch er eher das Bedürfnis hat, alleine zu sein oder von der Frau wegzugehen. Die Frau schüttet nach dem Orgasmus, das auch Kuschel- oder Treuehormon genannte Oxytocin aus, will also Nähe und Geborgenheit. Die Lösung wäre quasi für die Frau, keinen Orgasmus zu haben oder einen vorzutäuschen.

12.6 Kann man eine Familie im Alter gründen?

Auch wenn sich eine Partnerschaft durch einen konstruktiven Umgang mit Konflikten auszeichnet, kommt es immer wieder vor, dass Paare auseinandergehen. Möglicherweise trennt sich ein Partner oder verliebt sich neu. Liegt die partnerschaftliche Zukunft in der Jugend begründet, oder ist es auch möglich, im Alter auf eine begrenzte Zukunft zu bauen? Liebe im Alter – gibt es das? Oder bestehen dann nur noch Zweckgemeinschaften, die besser sind als das Alleinsein? Was zeichnet eine Partnerschaft im Alter aus? Wie gelingt der Neustart? Was verleiht der Partnerschaft im Alter Stabilität? Diese und andere Fragen sollen im Folgenden beantwortet werden.

12.6.1 Eheschließungen im Alter?

Was die Eheschließungen im Alter betrifft, so gehört die Zukunft tatsächlich der Jugend. Eheschließungen im höheren Alter sind nämlich eher selten. Von allen Eheschließungen im Jahr 2010 waren nur 2 % der Frauen und 4 % der Männer 60 Jahre oder älter (Nowossadeck und Engstler 2013, S. 6). Dabei heiraten ältere Männer häufiger als Frauen. Manche ältere Paare heiraten nicht, um die Zahlungen aus der Witwenrente nicht einzubüßen. Ehen im Alter werden häufig zwischen Menschen mit dem Status „geschieden" geschlossen. Auffällig ist auch, dass diejenigen, die im Alter noch einmal heiraten, oft einen jüngeren Partner wählen. So heiraten fast alle Männer über 60 eine jüngere Partnerin. Bei 41 % der Männer ist die Partnerin sogar zehn und mehr Jahre jünger (Nowossadeck und Engstler 2013, S. 7). Ähnliches trifft auch auf Frauen zu. Im Alter enden Ehen entweder durch Scheidung oder durch den Tod eines Ehepartners. Mit steigenden Jahrgängen ist eine Zunahme an Folgeehen oder Lebensgemeinschaften zu erkennen (Nowossadeck und Engstler 2013, S. 10). Das bedeutet, dass die Menschen früherer Jahrgänge nach Scheidung oder Verwitwung häufig allein blieben. Das ist heute, besonders im neuen Jahrtausend, nicht mehr der Fall. Niemand ist gern allein. Mittlerweile gibt es sogar den Trend zum wesentlich jüngeren Partner. Noch immer sind es dabei überwiegend Männer, die sich für eine Verjüngungskur der besonderen Art entscheiden.

12.6.2 Verjüngungskur: Alter Mann und junge Frau?

Einen neuen Anfang wagen, die Jugend noch mal neu erleben, sich wieder jung, fit, begehrt und attraktiv fühlen und bei Spaziergängen neidische und bewundernde Blicke ernten. Wer wünscht sich das nicht? Prominente machen vor, dass das Modell alter Mann und junge Frau offenbar sehr gut funktioniert. Und überhaupt: Man(n) ist ja schließlich nicht älter geworden, sondern nur reifer. Beruflich auf dem Gipfel möchte er nochmal neu durchstarten. Häufig wird dabei der langjährige Partner ausgetauscht wie ein altes, abgetragenes Kleidungstück. Die in langen Jahren durchlaufenen Höhen und Tiefen werden einfach beiseitegewischt. Der Wechsel zum jüngeren Modell ist umso leichter, je höher gesellschaftliche Stellung, Kapital, Unerschrockenheit und Gelegenheit sind (Hummel 2012).

Doch nicht nur Prominente – auch der einfache Mann von nebenan hat eine Chance bei jüngeren Frauen. Die Konstellationen lauten Chef–Sekretärin, Arzt–Krankenschwester, Professor–Studentin, Politiker–Bewunderin, Rockstar–junges Model oder Angestellter–Praktikantin. Häufig besteht also zusätzlich zum Altersgefälle ein Statusgefälle. Und die Partner befinden sich an unterschiedlichen Stellen ihrer Biografie. Die jüngere Frau möchte Kinder, und der ältere Mann hat seine Familienplanung bereits abgeschlossen. Fraglich ist auch, inwieweit materielle Interessen der jungen Frau im Vordergrund stehen. Verkauft die Frau ihre Jugend an den älteren Mann? Und doch erscheint die jüngere Frau vielen Männern wie eine zweite Geburt. Auch wenn der Mann dabei nicht selten eine Vaterrolle übernimmt. Die junge Frau profitiert von seiner Reife und Erfahrung, während der Mann neue erotische Erfahrungen sammelt, die häufig Balsam für die in der Vergangenheit verletzte Sexualität sind.

Jüngere Frauen sind nicht nur gut für das Ego, sondern auch für die Lebenserwartung. So fanden Forscher heraus, dass Männer mit jüngeren Frauen länger leben (Hummel 2012). Die Rechnung lautet: Je jünger die Frau im Vergleich zum Partner ist, desto länger lebt der Mann (Hummel 2012). Dreht man diese wissenschaftlichen Fakten um, dann verringert sich die Lebenserwartung der jüngeren Frau. Das sind erstaunliche Erkenntnisse. Für gewöhnlich könnte man von der Annahme ausgehen, dass sich die Lebenserwartung des Mannes durch die junge Frau eher reduziert. Schließlich hat er mehr Stress und muss auch sexuell seinen Mann stehen. Doch die Forschung hat bewiesen, dass dieser Stress offensichtlich guttut. Ältere Männer laden ihre schwachen Akkus an der Jugend junger Frauen auf. Leider funktioniert dies umgekehrt nicht. Frauen, deren Partner jünger ist, haben dennoch ein um 20 % erhöhtes Sterblichkeitsrisiko (Hummel 2012) Offensichtlich ist das „starke Geschlecht" diesem Stress nicht gewachsen. Alles in allem ist die Konstellation alter Mann–junge Frau dennoch vielversprechend, besonders für den Mann. Und die Konstellation hat einen kleinen/großen Nebeneffekt. Um die Pflege im Alter muss sich der Vaterersatz keine Gedanken machen.

Doch nicht alle älteren Menschen suchen ein um viele Jahre jüngeres Exemplar ihres Ehepartners bzw. ihrer Langzeitbeziehung. Die meisten älteren Menschen möchten mit einem netten, intelligenten, aufgeschlossenen Menschen eine gleichwertige Beziehung führen, in der jeder die Grenzen und Freiräume des anderen Partners akzeptiert.

12.6.3 Wie finde ich im Alter einen Partner?

Für Jugenddiskos zu alt, für den Tanztee zu jung – da bleiben nicht viele Möglichkeiten, einen Partner zu finden. Oder doch? Eines sollte sich jeder Partnersuchende vor Augen halten: Ein Partner kommt nicht auf dem goldenen Schimmel angeritten, um den Wartenden zu erlösen bzw. wachzuküssen. Einige werden über dem Warten immer älter, bis sie feststellen, dass ihnen nicht mehr viel Lebenszeit bleibt. Ja, sie warten so lange, bis sie für potenzielle Partner immer unattraktiver werden.

Nicht zu unterschätzen ist die Tatsache, dass Menschen, die viele Jahre alleine sind, zahlreiche Eigenheiten entwickeln. Je länger die Zeit des Alleinseins dauert, desto schwerer fällt es ihnen, mit einem möglichen Partner Kompromisse einzugehen. Bestimmte, negative Charaktereigenschaften, z. B. Ordnungswahn oder Geiz, haben sich dann verfestigt. Auch werden mit den Jahren die Ansprüche an den Partner immer größer. Viele haben zu dem Zeitpunkt einiges erreicht: Kinder großgezogen, verschiedene Berufe ausgeübt und Krisen durchgestanden. Ähnliche Ansprüche stellen sie an den Partner. Vor Beginn der Partnersuche sollten die Ansprüche also zunächst reduziert werden. Häufig hilft dabei auch eine ehrliche Selbstreflexion mit Fragen wie: Was habe ich selbst zu bieten? Welche Ansprüche kann ich auf dieser Grundlage an einen möglichen Partner stellen?

Das Wichtigste sind aber die Eigeninitiative und der ehrliche Wille zu einer fairen Partnerschaft. Wer nur mal eben seinen Marktwert testen möchte, kommt nicht viel weiter.

Gemeinsame Interessen verbinden. Und so sind Hobbys, Gesprächskreise, Sportverein oder Fitnesscenter gute Partnerbörsen. Aber auch gemeinsame Wanderungen oder Reisen laden zum Kennenlernen ein. Es gibt Anbieter, die sind auf Singlereisen spezialisiert. Der Vorteil an dieser Art der Partnersuche ist, dass diese entspannt stattfindet. Im Vordergrund steht nicht die Partnersuche, sondern der gemeinsame Spaß an einem Hobby. So kann man den Partner quasi nebenbei kennenlernen. Erfahrungsgemäß kommt der „richtige" Partner gerade dann, wenn er am wenigsten erwartet wird. Ältere Menschen, die sich noch fit fühlen, sollten an einem Tanzkurs teilnehmen. Der Tanzpartner findet sich möglicherweise über eine Anzeige. Auch hier steht wieder der Spaß im Vordergrund.

Aber auch der Weg über ehrenamtliches Engagement kann zum passenden Partner führen. Gerade rüstige Rentner haben genügend Zeit für ein solches Engagement. Es gibt zahlreiche Vereine, die dringend fleißige Helfer suchen – vom Kleingartenverein über den Modellbau bis hin zu den vielen Sportvereinen. Menschen, die sich gern sozial engagieren, finden möglicherweise bei der Seelsorge oder im Pflegeheim einen passenden Platz. Solch eine Tätigkeit verleiht dem Leben einen neuen Sinn. Der Mensch spürt, dass er noch gebraucht wird. Das stärkt das Selbstwertgefühl. Und mit einem positiven Selbstwertgefühl ist es leichter, neue Menschen anzusprechen und die Initiative zu ergreifen. Auf jeden Fall eröffnet jedes soziale Engagement einen neuen Lebensraum. Dadurch erweitert sich der Freundes- und Bekanntenkreis automatisch.

Eine weitere Möglichkeit zum Knüpfen neuer Kontakte ist die Volkshochschule. Hier findet sich für jeden Geschmack der passende Kurs. Auch im Alter lohnt es sich noch, eine neue Sprache zu erlernen. Einige haben nun endlich Zeit, ihrem Hobby, der Malerei, nachzugehen. Aber auch neue kreative Techniken lassen sich in der Volkshochschule erlernen. Wie wäre es mit einem Schreibkurs? Das Angebot ist ausgesprochen vielfältig. Und wenn es in dem einen Kurs nicht mit dem Lebenspartner klappt, dann vielleicht im nächsten Kurs.

Manchmal führen auch verschlungene Wege zum richtigen Partner. Wichtig sind allein der erste Schritt und der feste Wille zum partnerschaftlichen Glück. Es ist durchaus möglich, dass beim Volkshochschulkurs ein alter Bekannter bzw. eine alte Bekannte auftaucht. Frei nach dem Motto: Alte Liebe rostet nicht, können beide nun einen Neustart wagen. Dem Zufall kann auch nachgeholfen werden, indem die letzten Jahrzehnte gedanklich nachvollzogen werden. Sicher gibt es den einen oder anderen interessanten Freund, zu dem seit langer Zeit kein Kontakt mehr besteht. Es ist an der Zeit, alte Beziehungen neu aufzufrischen. Vielleicht ergibt sich daraus eine Partnerschaft.

In der Moderne suchen viele über das Internet nach dem passenden Partner. Diese Möglichkeit erscheint zunächst einfach. Im bequemen Stuhl sitzend, lässt sich der Pool potenzieller Partner schnell durchforsten. Über das Internet lassen sich leicht gemeinsame Interessen, Hobbys und Wertvorstellungen abgleichen. Ein Bild vermittelt den ersten Eindruck vom Gegenüber. Schnell kommt es zum Austausch von Mails. Jeder zeigt sich von seiner besten Seite. Noch schneller folgen die ersten Telefonate, die nicht selten in stundenlange Gespräche münden. Doch das Wichtigste fehlt: das persönliche Treffen. Und gerade das führt häufig zur Ernüchterung. Briefe und Telefonalte vermitteln nur ein oberflächliches Bild vom potenziellen Partner, denn Gestik und Mimik fehlen. Auch ein Bild vermag es nie, den Menschen in seiner ganzen Persönlichkeit abzubilden. Die Realität kann dann sowohl positiv als auch negativ überraschen.

Entscheidend für den weiteren Verlauf der Beziehung ist also immer das persönliche Kennenlernen. Hier entscheidet der erste Eindruck. Ein Bruchteil von Sekunden entscheidet über Sympathie oder Desinteresse. Wenn Letzteres eintritt, sollten die Beteiligten mit offenen Karten spielen und auf weitere Treffen verzichten. Es ist unfair, den anderen im Unklaren zu lassen und sich in der Zwischenzeit nach etwas Besserem umzuschauen.

Grundsätzlich besteht die Chance – auch im Alter –, im Internet den passenden Partner zu finden. Doch die Anonymität des Internets sorgt dafür, dass sich dort viele schwarze Schafe tummeln. Schwarze Schafe sind Partnersuchende, die bereits vergeben (verheiratet oder in einer Beziehung sind). Diese sind häufig auf der Suche nach Abwechslung. Es gibt auch zahlreiche Fake-Profile. Das ist besonders für Männer ein Problem. Schöne Frauen buhlen um die Gunst von Männern. Nicht selten handelt es sich dabei um Angehörige des horizontalen Gewerbes bzw. Verweise auf bezahlungspflichtige Seiten. Das lässt sich vermeiden, indem seriöse Onlineportale (z. B. www.feierabend.de) aufgesucht werden. Diese sind zwar oft bezahlungspflichtig, beinhalten aber dafür keine Fake-Profile. Wer sich bei einem bezahlungspflichtigen Portal anmeldet, ist tatsächlich ernsthaft auf der Suche. So werden Fehlgriffe bereits im Vorfeld minimiert.

Doch auch der klassische Weg sollte nicht ausgeschlossen werden. Noch immer lernen sich viele Paare über eine Zeitungsannonce kennen. Auch hierbei ist davon auszugehen, dass die Suchenden tatsächlich auf der Suche sind. Gegenüber der E-Mail hat der Partnersuchende den Vorteil, einen echten Brief in den Händen zu halten. Ein Brief sagt mehr über das Gegenüber aus als eine E-Mail. Das beginnt beim Briefpapier und endet bei der Schrift. Es findet außerdem kein endloser E-Mail-Verkehr statt. Ein Treffen wird schnell arrangiert. Es ist davon auszugehen, dass der Zeitungsannoncensucher schneller fündig wird als der Onlinesucher.

Zusammenfassend kann angemerkt werden, dass die verschiedensten Wege zum passenden Partner führen. Entscheidend ist die Initiative. Das bedeutet rauszugehen und neue Lebensräume zu erschließen. Auch endlose Onlinekontakte, die nicht zu realen Treffen führen, sind sinnlos. Die Betroffenen machen sich dabei häufig selbst etwas vor. Doch wie auch bei anderen Dingen im Leben gilt: Wo ein Wille ist, ist auch ein Weg.

Wenn es nicht gleich oder überhaupt nicht mit einem Partner klappt, dann führt das leicht zur Krise. Überhaupt ist das Alleinsein ein idealer Nährboden für depressive Verstimmungen. Dazu gehört das Grübeln über die Vergangenheit. Die vergangenen Lebensjahrzehnte werden bewertet. Der Betrachter realisiert, dass ihm nicht mehr viel Zeit bleibt für Träume. Die Karriere vom erfolgreichen Pianisten ist ausgeträumt. Auch die Primaballerina ist längst in die

Jahre gekommen. Neue, eigene Kinder wird es nicht mehr geben, und aus dem Maschinenbauer wird kein Mediziner mehr. Viele sehen ihre Rettung dann in einem viel jüngeren Partner. Sie stürzen sich mit Anlauf und Kopfsprung in den Verjüngungsbrunnen. Problematisch wird es, wenn sie recht schnell auf Grund stoßen. Es ist nicht alles Gold, was glänzt. Hier helfen oftmals nur das Loslassen und die Akzeptanz. Im Vordergrund sollte eher die Dankbarkeit für das gelebte Leben stehen: für glückliche Stunden, ergriffene Chancen sowie gesunde Kinder und Enkelkinder. Doch das sagt sich leicht. Krisen gehören zum Alter wie das Salz in die Suppe. Und: Krisen haben ein hohes Potenzial. Wenn sie als Chance gesehen werden, wächst die innere Reife. Oder wie es Max Frisch einmal formulierte: „Die Krise an sich ist ein positiver Zustand, man muss ihr nur den Beigeschmack der Katastrophe nehmen."

12.7 Wie steht es um die psychischen Aspekte des Alterns?

Wie bereits erwähnt gehören Krisen zu den psychischen Aspekten des Alterns. Krisen sind meist seelischer Natur, wobei Seele und Psyche nicht getrennt voneinander betrachtet werden können, genauso wenig wie Körper und Psyche. Körper, Psyche und Seele sind untrennbar miteinander verbunden. Zu den klassischen Krisen im Alter gehört daher die berühmte Midlife-Crisis.

12.7.1   Die Midlife-Crisis – nur ein Begriff?

Die Midlife-Crisis geht mit der Frage einher, ob das Leben nach den eigenen Vorstellungen verlaufen ist – oder eher nicht. Es ist die Zeit der Reflexion. Weltweite Studien belegen, dass die Zeit des Wandels zwischen dem 40. und 55. Lebensjahr stattfindet (Schäfer 2012). So sinkt das Wohlbefinden bis Mitte 40 im Schnitt immer weiter ab und steigt danach wieder an. Die Menschen realisieren in dem Alter, dass in Bezug auf Beruf und Familie nicht mehr allzu viele Möglichkeiten offen sind. Im Idealfall sind berufliche Rolle und persönliche Identität zu dem Zeitpunkt gefunden. Die Gelassenheit wächst. Dennoch haben Forscher nachgewiesen, dass die Unzufriedenheit ab Mitte 30 beginnt und mit 45 ihren Tiefpunkt erreicht. Ist die Talsohle erst durchschritten, dann geht es wieder bergauf. Die psychischen Veränderungen gehen mit körperlichen Veränderungen einher. Bei Männern sinkt der Testosteronspiegel. Bei Frauen nimmt der Östrogenspiegel ab. Sie kommen in die Wechseljahre. Zudem schwinden die Muskeln. Es zeigen sich graue Haare, Falten und zunehmend Fett. Auch das Gedächtnis lässt nach. Diese Veränderungen fallen umso schwerer in einer Gesellschaft, die von Leistungsdenken und Jugendwahn gesteuert wird. Da ist es ganz normal, dass der Gedanke, nicht mehr zu genügen, dominiert.

Zudem verändert sich die Rolle gegenüber den eigenen Eltern. Die Eltern sind nicht mehr in der Lage, ihren Kindern Kraft zugeben. Stattdessen benötigen sie selbst Hilfe. Für die erwachsenen, mittelalten Kinder ist es oft schwer, den physischen und körperlichen Verfall der Eltern zu begleiten. Mehr als einmal werden sie dabei mit der eigenen

Hilflosigkeit konfrontiert. Besonders schwer ist dabei das Krankheitsbild der Demenz. Die alten Eltern erkennen ihre Angehörigen dann nur noch selten. Wenn die alten Eltern sterben, ändert sich der Blick auf das Leben, weil die Kinder nun als Nächstes an der Reihe sind. Es gibt niemanden mehr, der zwischen ihnen selbst und dem Tod steht (Schäfer 2012).

Die eigene Beziehung (Ehe) ist häufig ebenfalls in die Jahre gekommen, und die Kinder haben sich längst abgenabelt. Nun werden die Lebensentwürfe überprüft. Was wurde umgesetzt, und was blieb auf der Strecke? Dabei ist es längst nicht zu spät für alles. Viele Dinge lassen sich auch im Alter noch realisieren.

Bereits in Kap. 8 wurde herausgestellt, dass sich die Folgen des Alters bekämpfen lassen. Dabei wurde das Trio Nichtrauchen, Bewegung und gesunde Ernährung mehrfach erwähnt. Auch die geistige Fitness lässt sich beeinflussen. Und überhaupt wird die mangelnde Schnelligkeit mit Wissen und Erfahrung ausgeglichen. Bewegung an der frischen Luft erhöht die Leistungsfähigkeit des Gehirns zusätzlich. Nüchtern betrachtet stehen der heutigen Generation – um die 40 – noch viele Wege offen.

Wer sich beruflich selbst verwirklichen möchte, für den sind die Vierziger das ideale Alter zum Sprung in die Selbstständigkeit. „Sprung" ist hier das richtige Wort, denn der Sprung in das Wasser ist die Voraussetzung zum Schwimmenlernen. Darüber hinaus gibt es zahlreiche Erfahrungsberichte von Rentnern, die sich nach der Pensionierung selbstständig machten und sich damit einen Traum erfüllten. Auch für das Auswandern in den sonnigen Süden ist es nie zu spät:

All diese Menschen haben eine Fähigkeit, die in der Lebensmitte viel wert ist: Sie übernehmen Verantwortung für sich selbst. Wer sich mit unangenehmen Erfahrungen auseinandersetzt, Lösungen sucht, sich mit anderen austauscht und zuversichtlich bleibt, ist zufriedener als jemand, der sich als Opfer des Schicksals betrachtet. (Schäfer 2012)

Das bedeutet im Umkehrschluss, dass diejenigen, die sich nicht mit sich selbst auseinandersetzen, auf der Stelle treten. Durch die mangelnde Selbstreflexion bleibt ihnen die Reife verwehrt. Sie wundern sich nur, warum sie immer unzufriedener werden. Dabei finden sich immer Wege, die zum Ziel führen. Forscher fanden heraus, dass Menschen am zufriedensten sind, wenn sie ihr Leben vorausplanen (Schäfer 2012). Das bedeutet, dass sich die älter werdenden Menschen beispielsweise damit auseinandersetzen sollten, dass die Kinder irgendwann ausziehen und die alten Menschen Pflege benötigen.

Zufrieden sind auch diejenigen, die von ihrem Wissen etwas an Jüngere weitergeben. Bei vielen besteht der Wunsch, der Nachwelt etwas zu hinterlassen, denn:

Je mehr sich Menschen für die nachfolgende Generation einsetzen, desto selbstbewusster sind sie und desto wohler fühlen sie sich psychisch und körperlich. (Schäfer 2012)

Bei der Weitergabe kann es sich z. B: um Wissen handeln (Nachhilfeunterricht, Kurse). Auch ein Trainer kann seine Techniken an die jüngere Generation vermitteln (z. B. Fußball). Einige ältere Menschen nehmen Pflegekinder auf und geben ihnen dadurch eine bessere Zukunft.

Zusammenfassend kann gesagt werden, dass die Midlife-Crisis längst nicht nur Männer betrifft, wenngleich diese bei Männern stärker in Erscheinung tritt. Die Krise hängt mit dem Eindruck zusammen, dass es von nun an nur noch bergab geht. Die Krise geht mit den Gefühlen Gereiztheit, Unzufriedenheit, Wut, Trauer, Zukunftsangst und innerer Leere einher. Gegen alte Zwänge und Einschränkungen wird rebelliert. Stattdessen wird nach dem Abenteuer gesucht. Die Hobbys und Interessen ändern sich. Der oder die Betroffene will sich und anderen seine noch bestehende Jugend beweisen.

12.7.2 Gibt es Wege aus der Midlife-Crisis?

Einige Wege aus den Krisen des Alters wurden bereits beschrieben. Dazu gehören in erster Linie die Akzeptanz und die Annahme des Alterungsprozesses. Von Träumen, die sich nicht mehr verwirklichen lassen, sollte sich der Betroffene lösen. Der Fokus darf nicht auf die negativen Aspekte des Alters gelegt werden. Stattdessen sollte man sich die positiven Dinge, wie Wissen, Erfahrung, Reife und Identität, vor Augen halten. Bestimmte Sehnsüchte lassen sich auch noch spät erfüllen, wenngleich dafür Umwege nötig sind. Mit realistischem Blick sollten die Möglichkeiten und Chancen ausgelotet werden. Das Wichtigste ist das Wissen darüber, dass die Krise völlig normal ist. Jeder muss sich von Zeit zu Zeit die Sinnfrage stellen. Sonst hat er keine Chance auf Reife.

Der Weg aus der Krise kann über folgende Schritte erfolgen (http://www.psychotipps.com/midlife-crisis.html, Zugriff am 21.9.2014):

1. *Bilanz ziehen:* Welche Lebensziele sind vorhanden? Welche wurden erreicht und welche nicht. Was ist mir wirklich wichtig?

2. *In sich hinein hören:* Was spüre ich im Augenblick? Was fehlt mir?

3. *Liste erstellen:* Welche Möglichkeiten sind vorhanden, um wieder mehr Zufriedenheit zu erreichen? Welches Potenzial kann ich dafür mobilisieren?

4. *Freunden vertrauen:* Besteht das Gefühl, sich nur im Kreis zu drehen, dann sollte guten Freunden vertraut werden. Möglichweise sieht ein Außenstehender die Lösung. Auch die Hilfe eines Psychotherapeuten sollte in Erwägung gezogen werden.

5. *Aus dem Alltag ausbrechen:* Mitunter hilft es tatsächlich, aus der Routine des Alltags auszubrechen. Möglicherweise gibt es am Arbeitsplatz neue Aufgaben der Spezialisierung. Vielleicht gibt es ein neues Hobby, das Kräfte mobilisiert.

6. *Krise annehmen:* Die Annahme der Krise führt zu einem besseren Leben.

Kurz: Krisen sind riesige Chancen, um aus der Routine auszubrechen.

Doch hält man sich die existenziellen Krisen des Alters vor Augen, dann erscheint die Midlife-Crisis wie ein Spaziergang. Nicht zuletzt wird sie als Konzept gar von vielen Psychologen angezweifelt. So beruht der Begriff auf einer Wortschöpfung eines kanadischen Psychotherapeuten, dessen Patienten ausnahmslos Künstler im Alter von 40 bis 55 Jahren waren. Wissenschaftler würden dies wohl als Auswahlfehler bezeichnen ...

12.7.3 Was sind die existenziellen Krisen des Alters?

Während im Alter der Midlife-Crisis noch zahlreiche Möglichkeiten offenstehen, beginnen die wirklichen Einschränkungen später. Sie beginnen dann, wenn die körperlichen und geistigen Fähigkeiten ernsthaft nachlassen, wenn der ältere Mensch immer abhängiger von Verwandten bzw. Institutionen. Die Lebensqualität lässt nach, wenn keine Ausgleichsmöglichkeiten mehr vorhanden sind (Arbeitsgruppe alte Menschen im Nationalen Suizidpräventionsprogramm für Deutschland 2013, S. 9). Ältere Menschen sehen, dass mehr und mehr Gleichaltrige sterben. Möglicherweise treten auch in der Partnerschaft Probleme auf. So kann eine schwere Krankheit des Partners die Beziehung sehr belasten. Eine riesige Krise stellt der Tod eines Lebenspartners dar.

Krisen gehen auch mit dem Gefühl einher, nicht mehr gebraucht zu werden. Häufig fehlt für ein Engagement die Kraft:

> Es besteht die Sorge, in Zukunft auf die Hilfe der Familie und professioneller Helfer angewiesen zu sein. Ängste, das Gefühl, nicht mehr ernstgenommen zu werden, und Ohnmachtsgefühle können als unerträglich erlebt werden. In der Verzweiflung entsteht dann der Wunsch, eine letzte Entscheidung selbst in die Hand zu nehmen und seinem Leben ein Ende zu setzen. (Arbeitsgruppe alte Menschen im Nationalen Suizidpräventionsprogramm für Deutschland 2013, S. 9)

Existenzielle Krisen älterer Menschen können also durchaus zum Suizid führen. Vom Tod verspricht sich der belastete Mensch Frieden und Ruhe. Er erscheint als einziger Ausweg aus der belasteten Situation. Dabei ist nicht die Schwere des Ereignisses entscheidend, sondern der Gedanke, das Ereignis nicht bewältigen zu können. Sicherlich besteht der Wunsch nach Veränderung der Situation. Doch mit dem Wunsch sind meist keine konkreten Vorstellungen verbunden. Deshalb vermittelt der Betroffene Botschaften, die für Außenstehende widersprüchlich sind (Arbeitsgruppe alte Menschen im Nationalen Suizidpräventionsprogramm für Deutschland 2013, S. 10). Einerseits möchten sie gern Hilfe, aber auf der anderen Seite bevorzugen sie ihre Ruhe. Ältere Menschen, die in der Krise an Selbstmord denken, befinden sich oft in einer besonderen persönlichen Situation. Häufig ist der Wunsch aus der Vita heraus begründet. Bei aktuellen Krisen gewinnen Verletzungen aus der Vergangenheit wieder an Bedeutung. Dazu gehören Kränkungen, Trennungen, Verluste, Spott, Abwertung und Abhängigkeit. Häufig möchte der Betroffene niemandem zur Last fallen. Der Handlungsspielraum, selbst eine Änderung herbeizuführen, ist eingeengt (Arbeitsgruppe alte Menschen im Nationalen Suizidpräventionsprogramm für Deutschland 2013, S. 10).

Ausgangspunkt für existenzielle Krisen sind häufig psychische Erkrankungen. So leider jeder vierte Mensch über 65 an einer psychischen Erkrankung. Dabei handelt es sich am häufigsten um Depressionen (Arbeitsgruppe alte Menschen im Nationalen Suizidpräventionsprogramm für Deutschland 2013, S. 11) Eine weitere typische Erkrankung ist die Hirnleistungsstörung, also Demenz. Auch bei

Parkinson verändert sich die Übertragung wichtiger Botenstoffe, was den Betroffenen in depressive Verstimmung bringt. Und Angststörungen, Wahnerkrankungen und Süchte gehören ebenfalls zu den typischen psychischen Erkrankungen. Merke:

> Alle psychischen Erkrankungen gehen mit erhöhter Suizidgefahr einher. Dies trifft insbesondere auf Depressionen zu. Hierfür verantwortlich scheint zu sein, dass Depressionen typischerweise mit dem Gefühl einhergehen, nichts wert zu sein, nichts Produktives mehr zu schaffen, lebensbedrohlich an einer körperlichen Krankheit zu leiden, sich schuldig gemacht zu haben. (Arbeitsgruppe alte Menschen im Nationalen Suizidpräventionsprogramm für Deutschland 2013, S. 11)

Diese Gedanken treiben den Betroffenen in die Enge. Immer fester legt sich die Schlinge selbst produzierter Gedanken um den Hals der Betroffenen. Die Gedanken an Suizid übernehmen die Macht. Auch Demenzkranke im Anfangsstadium sind suizidgefährdet, weil sie an sich Veränderungen beobachten. Sie stehen dem Verlust ihrer Selbstständigkeit ohnmächtig gegenüber. Die Suizidgefahr lässt mit zunehmender Demenz nach, weil sich die Erkrankten ihres Zustands immer weniger bewusst sind (Arbeitsgruppe alte Menschen im Nationalen Suizidpräventionsprogramm für Deutschland 2013, S. 11).

Depressionen bei älteren Menschen gehen mit folgenden Anzeichen einer (Arbeitsgruppe alte Menschen im Nationalen Suizidpräventionsprogramm für Deutschland 2013, S. 11):

* Gedrückte Stimmung, besonders am Morgen
* Freudlosigkeit
* Gefühllosigkeit
* Verminderung von Antrieb und Interessen (ehemals geliebte Aktivitäten und Interessen werden gleichgültig)
* Rückzug aus sozialen Beziehungen
* Verminderte Konzentrationsfähigkeit
* Ermüdbarkeit und schnelle Erschöpfung
* Vermindertes Selbstwertgefühl, Gefühl der Wertlosigkeit
* Irrationale Schuldgefühle
* Negative Zukunftserwartungen
* Ungewohnte Ängstlichkeit
* Schlafstörungen
* Appetitlosigkeit, Gewichtsabnahme, Verdauungsstörungen
* Ängstliche   Körperwahrnehmung   (Hypochonder), Schmerzen ohne organische Ursache
* Suizidgedanken

Wann immer Angehörige oder pflegende Personen diese Anzeichen bei einem älteren Menschen feststellen, sollten sie Hilfe anbieten. Es ist wichtig, dass der Betroffene erkennt, dass es sich um eine Krankheit handelt, die sich durch die entsprechende Therapie verbessert. Hier helfen beispielsweise Gespräche. Aber auch Antidepressiva können große Veränderungen in der Stimmung bewirken. Vorher sollten Kosten und Nutzen der medikamentösen Therapie gegeneinander abgewogen werden.

Das psychische Wohlbefinden ist in hohem Maße von der körperlichen Leistungsfähigkeit abhängig. Das ist eine Tatsache, die den Menschen in jungen Jahren gar nicht be-

wusst ist. In der Jugend und im mittleren Erwachsenenalter
erscheint die körperliche Unversehrtheit als selbstverständ-
lich. Im Alter kann jede Bewegung zur Qual werden. Es
gibt zahlreiche alte Menschen, die nicht mehr vor die Tür
gehen. Ihnen fehlt die Kraft. Sie sind froh, wenn sie sich
in ihrer Wohnung (ihrem Zimmer) einigermaßen frei bewegen können und ihren Alltag geregelt bekommen. Somit werden körperliche und geistige Erkrankungen meist
als tiefe Einschnitte erlebt. Erkrankungen beschneiden die
Selbstständigkeit und Mobilität der älteren Menschen. Am
nachhaltigsten wird das Leben der älteren Menschen durch
folgende Beschwerden beeinflusst (Arbeitsgruppe alte
Menschen im Nationalen Suizidpräventionsprogramm für
Deutschland 2013, S. 12):

* Chronischer Schmerz
* Atemnot
* Bewegungseinschränkungen/Lähmungen
* Verlust der Ausscheidungskontrolle (Inkontinenz)
* Minderung oder Verlust der Sehschärfe
* Minderung oder Verlust des Gehörs
* Sturzangst

Sturzangst ist dadurch gekennzeichnet, dass die Angst vor
dem Sturz die Sturzgefahr weiter erhöht. Bei Bewegungs-
einschränkungen verlieren ältere Menschen häufig die Fähigkeit zum An- und Auskleiden sowie zur Körperpflege.
Die Hilfe von Fremden bei diesen im Grunde einfachen
Verrichtungen kann für sie sehr beschämend sein. Ihre Intimität wird nachhaltig gestört. Das Nachlassen der Sehkraft
trennt sie von den (schönen) Dingen. Das Nachlassen des

Gehörs trennt sie von den Mitmenschen. Soziale Isolation ist die Folge. Je nach gesundheitlichem Zustand des älteren Menschen sollte versucht werden die Sehkraft bzw. das Gehör wieder zu verbessern. Heute gibt es moderne Medizintechniken, z. B. Lasern, welche die Lebensqualität entscheidend anheben. Die Sehkraft kann fast vollständig zurückerlangt werden. Für ein nachlassendes Gehör gibt es moderne Hörgeräte, die fast unsichtbar sind. Bei Erkrankungen, die sich nicht sonderlich verbessern lassen, ist es wichtig, Akzeptanz zu erlernen. Das hört sich einfach an, ist jedoch sehr schwer. Doch Akzeptanz ist die einzige Alternative, Dinge hinzunehmen, die nicht zu ändern sind.

Der Verlust eines Partners durch Trennung oder Tod ist ebenfalls ein tiefer Einschnitt in das Leben, besonders dann, wenn die Aussicht auf einen Neubeginn durch das fortgeschrittene Alter nicht vorhanden ist (Arbeitsgruppe alte Menschen im Nationalen Suizidpräventionsprogramm für Deutschland 2013, S. 13). Als Folge des Partnerverlusts steht oft das Alleinsein bzw. die Einsamkeit. Das Leben muss unter den Bedingungen des fortgeschrittenen Alters neu geordnet werden. Das ist für Männer schwieriger als für Frauen. Häufig war die Frau die einzige emotionale Stütze des Mannes. Deshalb ist es wichtig, soziale Kontakte bis ins hohe Alter zu pflegen.

Suizidwüsche im Alter stehen in Verbindung mit dem Verlust der Selbstständigkeit:

> In der Regel ist damit gemeint: Der Verlust der Möglichkeit, den Alltag und menschliche Beziehungen selbstständig zu gestalten. (Arbeitsgruppe alte Menschen im Nationalen Suizidpräventionsprogramm für Deutschland 2013, S. 14)

Wichtig in diesem Zusammenhang ist jedoch die Erkenntnis, dass es eine absolute Autonomie niemals gibt. Autonomie und Geborgenheit ergänzen sich gegenseitig. Deshalb müssen diese beiden Pole in jeder Lebensphase neu definiert werden:

> Das Bemühen um Ausgeglichenheit und Balance von Autonomie- und Abhängigkeitsbedürfnissen ist hilfreich, um den Anforderungen des Alterns zu begegnen. (Arbeitsgruppe alte Menschen im Nationalen Suizidpräventionsprogramm für Deutschland 2013, S. 14)

Am Schluss dieser Ausführungen soll die Frage stehen, ob das Leben im Alter überhaupt noch einen Sinn macht. Auf jeden Fall wird dem alten Menschen mehr und mehr bewusst, dass der Lebenssinn nicht im Erwerb und im Sammeln von Gütern besteht. Niemand kann etwas mitnehmen, wenn er geht. Ein Leben, begründet auf Gütern, kann zur großen Enttäuschung werden. Der Lebenssinn im Alter lässt sich im Nachdenken über das Leben an sich finden. An die eigenen Einschränkungen sollte sich der ältere Mensch anpassen (Arbeitsgruppe alte Menschen im Nationalen Suizidpräventionsprogramm für Deutschland 2013, S. 15). Ein Sinn kann zudem nur im Austausch mit der Gemeinschaft generiert werden:

> Lebenssinn verliert, wer sich selbst aufgibt, wer nur auf andere wartet, wer im Fühlen und Denken die Gegenwart verlässt. (Arbeitsgruppe alte Menschen im Nationalen Suizidpräventionsprogramm für Deutschland 2013, S. 16)

Die Frage nach dem Lebenssinn ist also unabhängig vom Alter. Dennoch kann das Alter dazu beitragen, die trügerischen Lebensziele (materiellen Dinge) aufzugeben. Ältere (und natürlich auch junge Menschen) finden Halt im Glauben. Egal ob sie zu Gott als Vater und Beschützer aufblicken oder den Herrn in allen Dingen sehen – Glaube erweitert den Horizont. Er hilft dabei, die Fesseln der Beschränkung zu sprengen.

12.8 Kann man erfolgreich altern?

Angesichts der zahlreichen Krisen, die das Alter bereithält, stellt sich nun der eine oder andere zurecht die Frage, ob es möglich ist erfolgreich zu altern.

Lebenskrisen und insbesondere existenzielle Krisen lassen sich leichter bewältigen, wenn sich der Betroffene darauf vorbereitet. Natürlich ist es schwer, der möglichen Wahrheit ins Auge zu sehen – der Wahrheit, die Immobilität, Verlust der Selbstständigkeit und eventuelle Pflegebedürftigkeit heißt. Diese Eventualitäten sollten vorbereitet werden. Und es hat überhaupt nichts mit negativem Denken zu tun, wenn die möglichen Szenarien durchgespielt werden. Doch auch wenn nicht vom Schlimmsten ausgegangen wird, ist klar, dass sich das Leben mit der Berentung gravierend ändert. Bereits während der Berufstätigkeit sollte daher Vorsorge in Form von Hobbys getroffen werden. Manch einer nutzt die freie Zeit, um endlich seine Biografie zu schreiben. Möglichweise möchte er seinen Kindern etwas Bleibendes hinterlassen. Auch ein Engagement im Verein ist, wie bereits erwähnt, ein guter Weg, mit freier Zeit umzugehen.

Einer Neudefinition bedarf oft auch die Paarbeziehung (Ehe). Dabei fungieren die gemeinsamen Kinder häufig als Bindemittel. Sind diese ausgezogen, fällt diese Verbindung weg. Die Eheleute sind auf sich selbst gestellt. In der späteren Betreuung der Enkelkinder lässt sich oft ein neuer Sinn finden.

Ältere Menschen bleiben gern unter sich, was bedeutet, dass Kontakte überwiegend zu Gleichaltrigen bestehen. Der Kontakt sollte auch mit anderen Altersgruppen gepflegt werden, denn die Erwartungen an Familie und Kinder können leicht in einer Enttäuschung enden. Der Traum von der ewigen Jugend muss irgendwann aufgegeben werden. Pflege, Sport und Training müssen dem jeweiligen Alter angepasst werden. Mittlerweile ist jedes Fitnessstudio auf die ältere Generation eingerichtet.

Die Angst vor dem Alter ist oft mit der Angst vor einem langen Sterbeprozess verbunden:

> Damit die Zukunft mit wachsender Einschränkung der körperlichen, geistigen und sozialen Lebensbedingungen den älter werdenden Menschen nicht plötzlich überrumpelt, sind vorbereitende Planungen erforderlich. Dazu gehört die Vorbereitung eines altersgerechten Wohnens unter Berücksichtigung denkbarer Zeiten des Krankseins und der Behinderung. (Arbeitsgruppe alte Menschen im Nationalen Suizidpräventionsprogramm für Deutschland 2013, S. 18)

Der mögliche Tod des Partners sollte ebenfalls mit bedacht werden. Bereits vor dem Krankenfall sollte daher eine Patientenverfügung vorliegen. Auch für den eigenen Todesfall muss vorgesorgt werden (Erbschaft, medizinische Verfügung). Angebotene Hilfe im Krankheitsfall sollte unbedingt angenommen werden. Grundsätzlich ist ein verantwortungsbewusster Umgang mit Medikamenten, Alkohol und anderen Betäubungsmitteln erforderlich.

Der Furcht vor einem langen Sterbeprozess kann entgegengewirkt werden. Dabei gilt die größte Angst den Schmerzen. Doch auch diese lassen sich mit professioneller Hilfe abmildern. In jeder Gemeinde gibt es ein Hospiz, das Hilfe in den letzten Monaten, Wochen und Tagen bietet. Dabei werden auch die psychischen Probleme, die mit dem Sterben verbunden sind, behandelt. Fachlich werden die Bereiche mit *Palliativmedizin, Hospizarbeit, Sterbebegleitung* und *Sterbehilfe* bezeichnet.

Vorher sollte mithilfe einer Patientenverfügung der letzte Wille festgelegt werden. Seit dem 1. September 2009 gilt eine Patientenverfügung unabhängig von ihrem Ausstellungsdatum. Dabei kann sich die Vollmacht auf die Wohnsituation, die ärztliche Versorgung und auch Vermögensangelegenheiten beziehen (Arbeitsgruppe alte Menschen im Nationalen Suizidpräventionsprogramm für Deutschland 2013, S. 23).

13
Wie lässt sich das Alter in das Leben integrieren?

Wie gezeigt wurde, ist das Alter längst nicht so tragisch wie angenommen. Noch immer gibt es ein dichtes sozialstaatliches Netzwerk, das im Alter Vorsorge trägt. Zusätzlich korrigiert das neue Pflegegesetz ab 2015 Defizite im Pflegebereich. Dabei werden die individuellen Voraussetzungen und Bedürfnisse der pflegebedürftigen Bevölkerung besser berücksichtigt. Auch wenn Vergleiche nicht immer zielführend sind, so kann gesagt werden, dass das medizinische System Deutschlands im Vergleich zu dem anderer europäischer Länder hervorragend ist.

Das Alter ist kein Schicksal, das überraschend über die Menschen hereinbricht. Jeder weiß, dass er irgendwann einmal alt wird. Auch wenn die Jahre in der Kindheit noch dahinschleichen und jedes Jahr einer Ewigkeit gleicht – das Alter kommt mit Riesenschritten. Gut ist es deshalb, wenn man sich bereits in der Jugend auf das Alter vorbereitet. Mit einem vorausschauenden Blick in die Zukunft verliert das Alter seinen Schrecken. Keiner wird, wie in Kap. 1 beschrieben, in einem überfüllten Krankenzimmer, umgeben von asiatischem Pflegepersonal, enden. Auch weniger begüterte Menschen haben genügend Auswahlmöglichkeiten im Hinblick auf die Gestaltung des Lebensabends. Zweifellos ist der demografische Wandel nicht mehr aufzuhalten. Das bedeutet, dass es in den nächsten Jahren zu einer weiteren Verschiebung der Altersstruktur kommt. Die alten und hochbetagten Menschen stellen dann eine Mehrheit in der Bevölkerung, während die Jahrgänge der jüngeren Menschen schmelzen. Das ist auf den Geburtenrückgang zurückzuführen. Doch nach weiteren Jahrzehnten wird sich die Alterspyramide auf niedrigem Niveau stabilisieren. Das bedeutet, dass die Bevölkerung in Deutschland und Europa zurückgeht. Das ändert nichts daran, dass die kommenden Generationen mit weniger Rente rechnen müssen. Es wurden zahlreiche präventive Maßnahmen geschildert, die dabei helfen, das fehlende Einkommen auszugleichen. Dazu gehören sowohl die Privatvorsorge als auch die Nebentätigkeit im Alter. Angst vor Arbeitslosigkeit muss in wenigen Jahren keiner mehr haben, denn der oft erwähnte Fachkräftemangel hat Deutschland bereits erreicht. Und nicht nur Fachkräfte sind gefragt. Wenn die Bevölkerung schmilzt, dann sinkt auch der Anteil der Erwerbstätigen. Einer Tätigkeit im Alter steht für rüstige Rentner nichts im Weg.

Trotz demografischen Wandels und sinkender Renten wird es auch in Zukunft viele ältere Menschen geben, die genug zum Leben haben. Einige erben ein Vermögen von den vorangegangenen Generationen, die in den „fetten Jahren" gespart haben. Für diese Rentner ist weniger das Geld ein Problem als die viele freie Zeit, besonders wenn die Kinder und Enkelkinder weit weg wohnen. Für Rentner mit viel Zeit ist das Ehrenamt die Lösung. Es gibt zahlreiche gesellschaftliche Bereiche, in denen dringend ehrenamtliche Helfer gesucht werden. Dazu gehört z. B. die Kinderbetreuung. Hier unterstützen ältere Menschen die Eltern bei der Betreuung, indem sie beispielsweise bei den Schulaufgaben helfen oder mit den Kindern spielen und basteln. Ältere alleinstehende Menschen sind als Babysitter so gefragt wie beliebt. Soziale Vereine, Organisationen und Verbände suchen ebenfalls dringend nach Helfern. Möglichweise ist die Gründung, Leitung und Organisation einer Selbsthilfegruppe für einige ältere Menschen eine lohnenswerte Aufgabe. Dabei wird der Wunsch zu helfen mit der Verbesserung der Gesellschaft verbunden. Soziale Kontakte und Freundschaften ergeben sich dabei von ganz allein.

Die Ausführungen haben gezeigt, wie wichtig soziale Netzwerke auch im Alter sind. Nichts ist schlimmer als das Gefühl der Einsamkeit. Mit sinnvoller Betätigung lässt sich das Gefühl vermeiden. Doch noch wichtiger als ehrenamtliches Engagement bzw. der Job im Alter ist eine erfüllende Partnerschaft. Zahlreiche Studien belegen, dass das Wohlbefinden in hohem Maße von der Qualität der Beziehung abhängt. Deshalb ist es wichtig, auch im Alter Beziehungen und Freundschaften zu pflegen. Die Geheimnisse glücklicher Partnerschaften wurden mehrfach erörtert. Am wichtigsten ist dabei der konstruktive Umgang mit Meinungsverschiedenheiten, das Verzeihen, das Loslassen, das Positive in den Vordergrund zu rücken, das Pflegen einer gemeinsamen Kultur und das Schaffen von Ausgleich. Glückliche Paare unterstützen sich gegenseitig. Sie werden mit Krisen, auch finanziellen, leichter fertig. Für Singles ist es auch im Alter noch möglich, einen Partner zu finden. Es wurden zahlreiche Möglichkeiten, von Tanzveranstaltungen bis hin zu Partnerbörsen im Internet, vorgestellt.

Tragisch ist es, wenn der langjährige, möglicherweise pflegebedürftige Ehepartner stirbt. Solche Ereignisse treffen den Menschen besonders im Alter. Hier sollte der verbliebene Partner nicht in Einsamkeit verharren. Kummer und Einsamkeit erhöhen das Risiko für Krankheiten. Für alleinstehende bzw. verwitwete Menschen bietet sich eine der zahlreichen Wohnformen im Alter an. Je nach finanzieller Situation reichen diese vom klassischen Pflegeheim über das betreute Wohnen in Seniorenresidenzen bis hin zur einfachen Wohngemeinschaft. Die Wohngemeinschaft ist ein zukunftsweisender Weg zur generationsübergreifenden Verständigung und Unterstützung. Auch bei Pflegebedürftigkeit ist die Wohngemeinschaft eine ideale Wohnmöglichkeit. Der Pflegebedürftige ist dort nicht allein.

Doch ist die eigene Pflegebedürftigkeit ein zwangsläufiges Schicksal des Alters? Gibt es präventive Maßnahmen, welche die Gesundheit erhalten? Auf diese Fragen werden in diesem Buch zahlreiche Antworten gegeben. Pflegebedürftigkeit ist kein unabwendbares Schicksal des Alters. Dennoch ist die Wahrscheinlichkeit recht hoch, irgendwann zu den Pflegebedürftigen zu gehören. Das ist auf den gestiegenen technischen und medizinischen Fortschritt zurückzuführen, der die Menschen immer älter werden lässt. Mit dem Alter steigt die Anfälligkeit für Krankheiten. Das ist völlig normal. Und doch gibt es Möglichkeiten, das Alter so lange wie möglich bei guter Gesundheit zu verbringen. Dazu gehört eine gesunde Lebensführung: Nichtrauchen, Ernährung und Bewegung. Es ist mittlerweile erwiesen, dass das Rauchen einen negativen Einfluss auf zahlreiche Krankheiten hat. Rauchen im Alter ist noch mehr als in der Jugend pures Gift für den Körper. Die Ernährung sollte zudem gesund und abwechslungsreich sein. Der Fokus ist dabei auf besonders viel Obst und Gemüse zu richten.

„Schwere", fettige Nahrungsmittel lassen sich vermeiden. Sie belasten den Körper unnötig bei der Verarbeitung und Verdauung. Die Verdauung lässt sich zusätzlich durch Bewegung fördern. Besonders bei der Bewegung an der frischen Luft werden alle Zellen mit Sauerstoff versorgt. Das hält jung. Bereits ein Spaziergang verbessert das Wohlbefinden erheblich. Rentner, die noch rüstig sind, sollten regelmäßig joggen. Das hilft gegen depressive Verstimmungen. Depressive Verstimmungen sind im Alter keine Seltenheit. Eine der bekanntesten ist die sogenannte Midlife-Crisis.

Im Alter sollte daher das Leben regelmäßig reflektiert werden. Zielführende Fragen sind dabei: Was habe ich erreicht? Was will ich noch erreichen? Von welchen Zielen muss ich mich verabschieden? Loslassen ist hier eine wichtige Tugend, aber auch die Akzeptanz von Dingen, die nicht mehr zu ändern sind. Generell stellt die Familie den sichersten Halt dar. Und so sollten die Familienbande bis ins Alter fest verknüpft bleiben. Generationenzusammenhalt kann dann an die Stelle von Altersarmut treten.

Das Zusammenleben der Generationen kann im eigenen Haushalt erfolgen oder haushaltsübergreifend. Das Zusammenleben der Generationen ist äußerst wichtig, denn es schützt nicht nur vor Armut im Alter. Auch Arbeitslosigkeit und Scheidungen werden abgefedert. Wenn Eltern ihre erwachsenen Kinder unterstützen, dann bietet dies den Kindern Sicherheit bei eventueller Arbeitslosigkeit oder Trennungen (Nowossadeck und Engstler 2013, S. 22). Zudem helfen finanzielle und soziale Zuwendungen bei der Vereinbarkeit von Beruf und Familie. Umgekehrt unterstützen die erwachsenen Kinder ihre Eltern z. B. im Haushalt, beim Einkaufen, bei Arztgängen und bei der Pflege. Schon

von jeher waren Familien durch das Zusammenleben der
Generationen gekennzeichnet. Was sich verändert hat, sind
die Bedingungen (Nowossadeck und Engstler 2013, S. 22).
Zu diesen Bedingungen gehört der in diesem Buch vielfach
beschriebene demografische Wandel. Entscheidend beeinflusst wurden die Generationenbeziehungen durch die steigende Lebenserwartung:

> Eltern und erwachsene Kinder, Großeltern und Enkel, Ge-
> schwister in einer Familie können heute damit rechnen,
> eine längere Periode ihres Lebens miteinander zu verbrin-
> gen, als dies jemals der Fall war. (Nowossadeck und Engst-
> ler 2013, S. 22)

Die älteren Erwachsenen erleben heute die Geburt ihrer
Enkel und Urenkel. Sie haben gute Chancen, ihre Enkel
und sogar ihre Urenkel bis ins Erwachsenenalter zu begleiten. Dieser Entwicklung stehen Partner- und Kinderlosigkeit gegenüber (Nowossadeck und Engstler 2013, S. 22).
So nimmt die Zahl der Generationen von Generation zu
Generation ab. Somit wird das familiale Netzwerk immer
kleiner. Für das Leben im Generationenverbund ist die
räumliche Nähe ein entscheidender Faktor. Erwachsene
Kinder wohnen daher häufig in der Nähe zu ihren Eltern.
So hat die Mehrheit der 40- bis 85-Jährigen mindestens ein
erwachsenes Kind in der Nähe (Entfernung bis zwei Stunden) wohnen (Nowossadeck und Engstler 2013, S. 23).
Somit funktionieren Austausch und Unterstützung über
die Haushaltsgrenzen hinweg. Dennoch nahm der Anteil
der nächstwohnenden Kinder in den vergangenen Jahren
ab, was bedeutet, dass sich die Entfernung zwischen den

Generationen vergrößert hat (Nowossadeck und Engstler 2013, S. 24). Die Intensität zwischen Eltern und deren erwachsenen Kindern kann mithilfe der Kontakthäufigkeit gemessen werden. Dabei werden Briefe, Besuche und Telefonate erfasst. Die überwiegende Mehrheit (81 %) der im Deutschen Alterssurvey (DEAS) 2008 befragten Personen hat mindestens einmal in der Woche Kontakt zu den erwachsenen Kindern (Nowossadeck und Engstler 2013, S. 24). Dabei hat sich die Kontakthäufigkeit seit 1996 kaum verändert. Dazu gehören auch die gefühlte Enge und Intensität der Beziehung.

Ein wesentlicher Bestandteil der Generationenbeziehungen ist die Großelternschaft:

> Die Beziehung zwischen Enkeln und Großeltern bietet die Möglichkeit gegenseitiger Unterstützung, der Vermittlung von Erfahrung und Werten zwischen den Generationen und das Erleben von emotionaler Nähe und Zuwendung. (Nowossadeck und Engstler 2013, S. 24)

Mit dem Lebensalter der Befragten steigt die Anzahl der Enkelkinder.

Und so lernen die Enkelkinder von ihren Großeltern, wie sie erfolgreich ihr Leben meistern und auch im Alter noch jung bleiben können. Großeltern mit Vorbildwirkung auf ihre Enkelkinder sind wichtiger als von Medien hochgepushte Pseudostars, Schauspieler oder Politiker. Sie können das Leben ihrer Enkel entscheidend beeinflussen. Diese Verbindung ist der wahre Reichtum, der sich nicht in Geld bemessen lässt. Und so gibt es auch im Alter keine Armut, wenn die zwischenmenschlichen Beziehungen erfüllend sind.

14
Der kleine Rentenberater ...

„Also ich hätte da mal eine Frage ..."

„Aha, jetzt versteh ich's auch ..."

Gibt es nur eine Rentenkasse?	Nein, es handelt sich bei der Rentenkasse nur um einen Sammelbegriff, der aus verschiedenen (staatlichen) Organisationen besteht

Werden meine Beiträge dort für mich gespart?	Nein, sie werden sofort an die derzeitigen Rentenempfänger ausbezahlt (daher die Angst, dass in ein paar Jahrzehnten kein Geld mehr vorhanden ist)
Zahle nur ich für mich alleine meine Beiträge?	Nein, auf die 9,45 % vom Bruttolohn kommen noch einmal genau so viele Prozente, die der Arbeitgeber für mich bezahlt
Gibt es für meine Beiträge Zinsen?	Nein, da das Geld sofort an die jetzigen Rentner ausbezahlt wird – Zinsen gibt es nur bei privaten Versicherungen (aber auch nicht mehr so viele wie früher)
Wer legt die Höhe der Rentenbeiträge fest?	Die Bundesregierung – dies ist dann abhängig von der finanziellen Lage
Ist es von Vorteil, viel zu verdienen?	Nur bis zu einer Grenze von 5800 € pro Monat im Westen und 4900 € im Osten – ab diesem Wert steigen Beiträge und Rente nicht weiter
Warum habe ich trotzdem ein Rentenkonto?	Dieses dient nur der Berechnung der späteren Ansprüche, tatsächliches Geld befindet sich hier nicht
Zählen für das Konto nur gezahlte Beiträge?	Nein, auch Zeiten wie etwa für eine Ausbildung werden hier verbucht
Betrifft das auch Schwangerschaftszeiten?	Ja, für Kinder die vor 1992 geboren wurden, zahlt der Staat ein Jahr Rentenbeitrag, für die Zeit nach 1992 drei Jahre. (Warum Kinder so unterschiedlich viel wert sind, kann keiner erklären.)

Was ist, wenn ich länger krank war?	Nach sechs Wochen zahlt die Krankenkasse den Lohn weiter und damit auch die Rentenbeiträge
Gilt das auch bei Arbeitslosigkeit?	Ja, wenn die Bundesagentur für Arbeit Arbeitslosengeld bezahlt, gehen davon ebenso Rentenbeiträge ab – natürlich ist das unter dem Strich weniger, da man nicht 100 % des Lohnes vom Amt bekommt,
Und wenn ich mir eine Auszeit zur Pflege meiner Angehörigen genommen habe?	Die Pflegekasse zahlt die Rentenbeiträge, aber nur, wenn man sich nicht gewerbsmäßig pflegerisch engagiert
Was bedeuten „Wartezeiten"?	Diese Zeiten umfassen alle Jahre, in denen man entweder selbst Beiträge in die Rente gezahlt hat oder andere dies übernommen haben (hierzu zählen alle anrechenbaren Zeiten); man sollte mindestens fünf Jahre dieser Zeiten erreicht haben
Wie hoch ist die „normale" Wartezeit?	Man hat nach mindestens 35 Jahren Arbeitsjahren (inkl. anrechenbaren Zeiten ohne Einkommen) Anspruch auf eine normale Altersrente
Wird die Rente nur aus Rentenbeiträgen bezahlt?	Nein, der Staat muss Steuergelder zuschießen – 2012 waren das 76 Mrd. €. Wenn nicht mehr Kinder geboren werden oder mehr Zuwanderer kommen, würde dieser Zuschuss immer größer und damit auch die Steuerlast der Bürger

Was ist, wenn ich erwerbsunfähig war/bin, also gesundheitlich bedingt nicht mehr arbeiten konnte/kann?	Diese Zeiten werden angerechnet, gelten also als Wartezeit
Wie erfahre ich meinen Kontostand bei der Rentenkasse?	Er wird seit 2002 einmal jährlich vom Versicherer verschickt.
Wer gibt der Rentenkasse Bescheid, wann ich wo tätig war?	In der Regel tun dies die Behörden und vor allem Arbeitgeber eigenständig – letztere einmal pro Jahr. Schließlich muss auch die eigene ehemalige Schule alle Zeugnisse aufbewahren, bis das Rentenalter erreicht ist
Was ist, wenn ich im Brief der Rentenkasse Fehler entdecke?	Diese müssen in Form einer sogenannten Kontenklärung dem Versicherer mitgeteilt werden (Kopie des Nachweises mitsenden)
Was ist, wenn es zum Streit kommt?	Man sollte einen Rentenberater hinzuziehen. Manchmal findet sich vielleicht auch noch eine alte Lohnabrechnung (diese muss ein Arbeitgeber zehn Jahre aufbewahren). Auch der Krankenkasse liegen relevante Nachweise vor
Kann man mit 65 in Rente gehen?	Ja, wenn man 45 Jahre gearbeitet hat (inkl. Zeiten für Kindererziehung oder Pflege). Neu ist die Rente mit 63, die eine vorzeitige Rentenbeanspruchung ermöglicht – andernfalls (also bei weniger Arbeitsjahren) wird die Rente gekürzt. Dies wird Rentenabschlag genannt

Gibt es noch die Frührente?	Ja, für Frauen, Arbeitslose oder Schwerbehinderte – für jeden Monat, den man früher in Rente geht, werden allerdings 0,3 % von der Rente abgezogen
Wo liegt die Regelaltersgrenze?	Sie liegt nach wie vor bei 67 – wer mit 65 die volle Rente will, sollte also mindestens ab 20 gearbeitet haben
Bekomme ich auf jeden Fall eine Rente?	Nein, nur wenn fünf Jahre dieser Wartezeit erfüllt sind. In diesen fünf Jahren muss man also irgendetwas gemacht haben, was die Rentenkasse als anrechenbare Zeit akzeptiert. Manchmal kann es hilfreich sein, für diesen Zeitraum noch einen Minijob anzunehmen – oder, wer noch kann, ein paar Kinder zu bekommen (nacheinander)
Was habe ich von einem Minijob?	Seit 2002 werden hier pro Jahr drei Monate für die Rente angerechnet
Kann man die eigene Rente vorher genau ausrechnen?	Nein, hierfür müsste man Mathematiker sein – die verwendete Formel ist sehr kompliziert
Bekomme ich die Rente automatisch?	Nein, es muss ein Antrag gestellt werden – es heißt übrigens jetzt nicht mehr BfA sondern DRV Bund

Also dann mit 65 genau?	Die volle Rente für 45 Jahre Berufstätigkeit bekommt man frühestens mit 63 (seit 2014). Andernfalls drohen Abschläge, oder es muss eine andere Form der Rente gesucht werden
Was ist, wenn ich keine 45 Jahre gearbeitet habe?	Dann gilt die Rente mit 67, d. h., erst ab diesem Alter hat man seine Beiträge voll erfüllt. Geht man früher in Rente, drohen Abzüge
Und wenn ich einmal arbeitslos war?	Bis zu zwei Jahre Arbeitslosigkeit gehen seit 2014 noch durch, dann hat man (nach 45 Arbeitsjahren)die Rente mit 63, die von der großen Koalition „erkämpft" wurde (http://www.rentenpaket.de)
Und wenn ich nur 35 Jahre arbeiten war?	Fällt man in die Kategorie der langjährig Versicherten, erhält man entsprechend weniger Rente; man muss aber 35 Jahre Wartezeit haben und mindestens 63 Jahre alt sein
Rechnet sich eine Frührente?	Dies ist kaum pauschal zu beantworten. Man kann sagen, dass bei einem Durchschnittsverdienst von rund 30.000 € jährlich für jedes Jahr Erwerbszeit 28 € Rente pro Monat resultieren; bei zehn Jahren Arbeit sind das also rund 280 € Rente pro Monat

Bekomme ich auch Rente, wenn ich aus gesundheitlichen Gründen nicht mehr arbeiten kann?	Ja, dann gibt es meistens eine sogenannte EM-Rente, d. h. Erwerbsminderungsrente (früher als EU-Rente bezeichnet, d. h. Erwerbsunfähigkeitsrente)
Wann gilt man als erwerbsgemindert und…	Wenn man aufgrund von Krankheit oder Behinderung weniger als sechs Stunden täglich arbeiten kann
… kann man auch nur teilweise erwerbsgemindert sein?	Ja, wenn man noch mindestens drei, aber unter sechs Stunden täglich arbeiten kann
Und wenn auch das nicht mehr geht?	Dann gilt man als voll erwerbsgemindert
Und wenn ich mit meiner Krankheit keinen Job finde, auch wenn ich wollte?	Das ist leider auch wahrscheinlich – die Rentenkasse erkennt dies aber an und bezahlt die volle Erwerbsminderungsrente
Und hat jeder Anspruch darauf?	Nur derjenige, der fünf Jahre Mitglied der Rentenversicherung war
Muss man überhaupt Geld in die Kasse einbezahlt haben?	Ja, mindestens für volle drei Jahre
Berufsunfähigkeit – kann das jedem passieren?	Ja, das Risiko ist relativ hoch: Rund jeder vierte Arbeitnehmer ist betroffen. Daher raten gewerbliche Versicherungsvertreter auch meist berechtigt zu einer privaten Absicherung. Je riskanter der Beruf ist, desto höher werden die Beiträge

Kann mein Hausarzt entscheiden, ob man berufsunfähig ist?	Nicht alleine, er kann aber durch seine Diagnose einen gewissen Vorlauf schaffen. Letztlich entscheidet ein von der Rentenkasse berufener Gutachter/Arzt. Auch der behandelnde Arzt in der Rehaklinik (die eine EM ja verhindern soll), kann sich hierzu bereits maßgeblich äußern
Ist entscheidend, ob ich nur im erlernten Beruf nicht mehr arbeiten kann?	Nein. Bei privaten Versicherungen kann dies anders sein, hier kann definiert werden, welche Tätigkeit abgedeckt wird. Eine private Berufsunfähigkeitsversicherung bekäme man übrigens zusätzlich zur gesetzlichen EM-Rente ausbezahlt
Bekomme ich die Rente dann gleich und für immer?	Zweimal nein! Die Rente erhält man erst sechs Monate nach Eintreten der Krankheit. Und nach drei Jahren wird von der Rentenkasse erneut geprüft, ob man noch versehrt ist. Vier Monate vor Ablauf sollte man wieder einen Antrag stellen. Leider wird wohl auch wieder ein Gutachten nötig
Und wovon hängt ab, ob die Rente dann verlängert wird?	Vom Gesundheitszustand und der Lage auf dem Arbeitsmarkt. Nach neun Jahren gibt es dann aber eine Dauerrente
Kann man den Bescheiden auch widersprechen?	Ja, man kann immer Widerspruch einlegen oder klagen
Kann man trotzdem dazuverdienen?	Ja, bis 400 € monatlich

Und wenn ich irgendwann im Rentenalter bin?	Die EM-Rente kann in eine Altersrente umgewandelt werden – dann ab dem 60. Lebensjahr bei 35 Jahren Wartezeit, ansonsten erst ab 65 dann
Ist die Altersrente dann höher?	Leider ist dies kaum der Fall, sie entspricht in der Höhe der EM-Rente
Und als Schwerbehinderter?	Ab einem Behinderungsgrad von 50 % kann man mit 63 in Rente
Was ist, wenn ich oft arbeitslos war?	Das ist natürlich nicht so gut; man sollte aber immer beim Arbeitsamt gemeldet sein, um wenigstens auf die Wartezeit zu kommen. Man kann sagen, dass ein Jahr Arbeitslosigkeit die Rente um monatlich rund 5 € reduziert. Oft ist die Rente dann kaum höher als Arbeitslosengeld II (ALG II). Wer ALG II erhält, bekommt für diese Zeit keine Rentenbeträge gutgeschrieben. Noch schlimmer trifft es jene, die durch das Einkommen des Ehepartners keinen Anspruch auf ALG II haben – sie sind gar nicht rentenversichert. Man könnte in diesem Fall freiwillige Mindestbeiträge bezahlen; diese liegen immerhin bei etwa 85 € im Monat

Wie steht es mit privater Rentenvorsorge?	Ein großes Thema, zu dem es viele Ansichten gibt, da hier auch viel Geld zu verdienen ist (als privater Versicherungsanbieter). Abhängig von der Zinssituation in Deutschland könnte man sie in einigen Perioden empfehlen, in anderen wiederum nicht. Zurzeit sind die Erträge sehr mau
Sind die privaten Versicherungsanbieter alle Abzocker?	So kann man das nicht sehen. Ein privater Versicherungsanbieter versucht natürlich vorrangig wirtschaftlich, also gewinnorientiert, zu arbeiten. Das heißt, anders als die staatliche Rente gibt er mein einbezahltes Geld nicht 1:1 an mich oder andere Versicherte weiter, sondern versucht, durch Spekulationen auf dem Finanzmarkt (Aktien, Fonds usw.) das Geld zu vermehren. Je besser ihm das gelingt, desto mehr bekomme ich irgendwann aus meinen Beiträgen raus – und desto mehr Gewinn macht das Unternehmen. Ein Interesse an optimalen Erträgen ist also auf beiden Seiten vorhanden

Und die Leute, die da spekulieren, sind darin auch kompetent?	Das kann man so oder so sehen. Sie haben auf jeden Fall mehr Ahnung als man selbst. Als Laie hat man so gut wie keine Chance, dauerhaft und garantiert Aktiengewinne zu erzielen. Eine Aktie wird heute im Schnitt nach wenigen Sekunden wieder verkauft, das funktioniert nur mit Hochleistungscomputern und mathematischen Programmen. Davon haben die Fondsmanager und Broker der Versicherungen Ahnung. Letztlich können aber auch sie sich verspekulieren

| Kann mein eingezahltes Geld auch ganz weg sein? | Im Allgemeinen nicht. Man erhält immer zwei Auszahlungsangaben bei Abschluss des Vertrags: einen garantierten Betrag und einen optimalen Betrag. Letzterer ergibt sich nur, wenn sehr optimistische Erwartungen an den Finanzmarkt und damit erzielbare Zinsen und Erträge eintreten. Der garantierte Betrag ist aber oft kaum mehr als das, was ich in Summe über alle Jahre hinweg einbezahlt habe. Man könnte dieses Geld also auch selbst sparen und fest anlegen, statt es an die Versicherungsfirma zu zahlen. Hätte man dabei ein Festgeldkonto mit 3 % Zinsertrag, könnte dies schon manche Privatrentenvorhersage toppen. Aber man muss es natürlich auch freiwillig monatlich zurücklegen. Diese psychologische Belastung entfällt bei einer vertraglichen Bindung an eine Versicherung. Wenn die Versicherungsfirma allerdings pleitegeht und anschließend oder vorher über China, Russland und Indonesien fünfmal den Besitzer wechselt, wäre das Geld wohl ganz weg. Letztlich sind sich auch hochkompetente Wirtschaftsexperten heute nicht mehr ganz sicher, ob sie zu einer privaten Vorsorge oder besser zur Investition in Immobilien und Antiquitäten raten sollten |

Ist eine Lebensversicherung auch eine Altersvorsorge?	Ja, aber nur eine Kapitallebensversicherung – vorausgesetzt, man bezahlt die Beiträge kontinuierlich und fängt damit nicht zu spät an. Je früher man einbezahlt, desto mehr bekommt man heraus. Dabei versucht der Versicherer, das eingezahlte Kapital zu vermehren (durch Spekulation). Also gilt auch hier, je schlechter die Weltwirtschaft ist, desto geringer sind die Erträge. Die Risikolebensversicherung dagegen wird nur ausbezahlt, wenn der Versicherte verstirbt. Darum sind die Beiträge von letzteren auch viel geringer (unter 10 € im Monat)
Wann bekomme ich die Versicherungssumme der Kapitallebensversicherung ausbezahlt?	Das kann man selbst bestimmen, logisch wäre mit Beginn des Rentenalters, also mit rund 65 Jahren. Da dies meist ein einmaliger, großer Betrag ist, besteht die Gefahr, das Geld schnell auszugeben

Gibt es garantierte Zinsen?	Ja, der Garantiezins wird staatlich bestimmt, aber abhängig von der Wirtschaftslage wurde er zuletzt immer mehr gesenkt. Niedrige Zinsen (die dann auch bei Krediten gelten) sollen bei wirtschaftlichen Krisen stabilisieren. So können sich Unternehmen nämlich günstig Geld leihen. Für fast jede Form der Altersvorsorge sind Zinssenkungen aber Gift
Und welcher Zins gilt dann?	Immer der, der bei Vertragsabschluss galt
Was ist eine Ablaufleistung?	Das Geld, das mir nach Verrechnung aller Faktoren am Ende zusteht
Rechnet sich eine Kapital-Lebensversicherung?	Nun, sie hat etwas geringere Erträge als eine private Rentenvorsorge, da sie ja eigentlich im Todesfall die Hinterbliebenen schützen soll und darum auch im Todesfall, oder nach Erreichen einer gewissen Einzahlungsdauer ausbezahlt wird
Woher weiß ich, wie viel Geld ich einmal bekommen werde?	Das teilt die Versicherung in einer jährlichen Prognose mit
Funktioniert eine private Rentenversicherung genauso?	Ähnlich – stirbt man vor Ablauf der vereinbarten Einzahljahre, erhält man nichts. Das ist bei einer Kapitallebensversicherung nicht der Fall. Außerdem fallen bei der Privatrente hohe Gebühren an; teilweise zahlt man die ersten fünf Jahre nur die Verwaltungskosten

Wann lohnt sich die private Rentenvorsorge?	Wenn man lange lebt! Eine Versicherung ist immer mit einer Wette zu vergleichen. Der Versicherte wettet, dass er lange leben und Rente erhalten wird, der Versicherer wettet dagegen. Die Frage, wie dabei die Quoten stehen, wird ganz massiv von der Prognose der durchschnittlichen Lebenserwartung bestimmt. Darum geben Versicherungen viel Geld für Prognosen und Statistiken aus. Man kann ungefähr sagen, dass man 15 Jahre Rentenempfänger sein sollte – dann hat es sich rentiert
Müssen Selbstständige eine solche Rentenversicherung abschließen?	Das ist das Problem – sie müssen es nicht. Da sie aber auch meist keine gesetzliche Rente bezahlen (müssen), droht vielen Selbstständigen im Alter Armut. Sie sollten also privat vorsorgen
Sind Selbstständige nicht sowieso alle reich?	Das stimmt so nicht. 99 % der deutschen Unternehmen sind kleine oder mittelständische Betriebe. Meist verdienen Selbstständige (z. B. Ärzte) nur deshalb besser, weil sie mehr steuerlich geltend machen können

Wer entscheidet, ob ich selbstständig bin? Kann ich nicht einfach einen kleinen Online-Shop aufmachen oder mit irgendjemandem einen Honorarvertrag abschließen, um so die Rentenversicherungspflicht zu umgehen?	So einfach ist das wirklich nicht! Fast jedes Einkommen aus einer Festanstellung (über Minijob-Niveau) führt zu einer Beitragspflicht für die gesetzliche Rente. Egal was man nebenher verdient. Und selbstständig ist man erst, wenn man nachweisen kann, seine Einnahmen von verschiedenen Auftraggebern oder Kunden zu erhalten. Würde man sein komplettes Monatseinkommen (-honorar) nur von einer Firma oder einem Kunden erhalten, gilt dies schnell als scheinselbstständig. Dies wird durch die Finanzämter und vor allem die Rentenkasse überprüft. Hier muss man dann sehr genau erklären, in welcher Form man freiberuflich tätig ist. Und dann müssen schlimmstenfalls Rentenbeträge nachgezahlt werden
Sind bestimmte Beträge bei der privaten Rente garantiert?	Ja, im Vertrag wird ein eher pessimistischer Betrag garantiert. Je nach großwirtschaftlicher Lage kommen dann Gewinne dazu. Hier kann außerdem entscheidend sein, ob man sich die Rente auf einen Schlag oder monatlich auszahlen lässt

Sind diese Einnahmen steuerpflichtig?	Ja, im Schnitt mit 17 %. Aber teilweise können die vorher gezahlten Beiträge auch steuerlich geltend gemacht werden
Ist eine private Rente das Gleiche wie eine Riester-Rente?	Nein, bei der Riester-Rente zahlt man zwar auch freiwillig, aber es gibt staatliche Förderungen
Wie viel sollte oder muss man bei der Riester-Rente einbezahlen?	Um vom Staat gefördert zu werden, müssen die Riester-Beiträge bei 4 % des Jahreseinkommens liegen (außer nicht rentenpflichtige Einnahmen). Als unterster Wert gelten 60 € im Jahr
Und wie viel zahlt der Staat dazu?	Er zahlt 154 € pro Jahr. Für ein Kind sind es 185 oder 300 € jährlich (letztere für nach 2008 geborene). Bei Besserverdienenden kann sich auch eine Vergünstigung in Form von Steuererleichterungen anbieten
Wo schließe ich einen Riester-Vertrag ab?	Direkt über den Arbeitgeber oder indirekt über Banken und Versicherungsunternehmen
Ab wann bekomme ich Geld zurück?	Frühestens mit 60, eher mit Renteneintritt
Sind die Riester-Erträge steuerpflichtig?	Ja

Literatur

Arbeitsgruppe alte Menschen im Nationalen Suizidpräventions-
programm für Deutschland. (2013). *Wenn das Altwerden zur
Last wird. Suizidprävention im Alter* (5. Aufl.). Köln. http://
www.bmfsfj.de/RedaktionBMFSFJ/Broschuerenstelle/Pdf-
Anlagen/wenn-das-altwerden-zur-last-wird,property=pdf,be-
reich=,rwb=true.pdf. Zugegriffen: 21. Sept. 2014.
Bartens, W. (2012). Was Paare zusammenhält. *Süddeutsche Zeitung
Magazin, 19.* http://sz-magazin.sueddeutsche.de/texte/anzei-
gen/37501. Zugegriffen: 18. Sept. 2014.
Berger, J. (2014). *Liebe lässt sich lernen.* Heidelberg: Springer Spek-
trum.
Birkenbihl, V. F. (2005). *Stroh im Kopf? Vom Gehirn-Besitzer zum
Gehirn-Benutzer.* München: MVG.
Bundesministerium für Gesundheit. (2014a). Pflegebedürftigkeit.
http://www.bmg.bund.de/pflege/pflegebeduerftigkeit/pflegestu-
fen.html. Zugegriffen: 11. Sept. 2014.
Bundesministerium für Gesundheit. (2014b). Pflegestufen. http://
www.bmg.bund.de/pflege/pflegebeduerftigkeit/pflegestufen.
html. Zugegriffen: 11. Sept. 2014.
Bundesministerium für Gesundheit. (2014c). Kurzzeitpflege.
http://www.bmg.bund.de/glossarbegriffe/k/kurzzeitpflege.html.
Zugegriffen: 14. Sept. 2014.

Bundesministerium für Gesundheit. (2014d). Das Pflegestärkungsgesetz. http://www.bmg.bund.de/ministerium/presse/pressemitteilungen/2014-02/1-pflegestaerkungsgesetz.html. Zugegriffen: 14. Sept. 2014.

Bundeszentrale für politische Bildung. (2013). Reale und nominale Lohnentwicklung. Artikel vom 27.9.2013. http://www.bpb.de/nachschlagen/zahlen-und-fakten/soziale-situation-in-deutschland/61766/lohnentwicklung. Zugegriffen: 27. Juli 2014.

Deutsche Rentenversicherung. (2011). Statistik der Deutschen Rentenversicherung. Rentenversicherung in Zeitreihen, 267–308. http://forschung.deutsche-rentenversicherung.de/ForschPortalWeb/ressource?key=chronik. Zugegriffen: 27. Juli 2014.

Deutsche Rentenversicherung. (2014). *Altersrentner: Soviel können sie hinzuverdienen* (16. Aufl.). http://www.deutsche-rentenversicherung.de/cae/servlet/contentblob/232606/publicationFile/63761/altersrentner_hinzuverdienst.pdf. Zugegriffen: 31. Juli 2014.

Diekmann, A., & Engelhardt, H. (Juni, 1995). Die soziale Vererbung des Scheidungsrisikos. Eine empirische Untersuchung der Transmissionshypothese mit dem deutschen Familiensurvey. 24(3), 215–228.

Diekmann, A., & Klein, T. (1991). Bestimmungsgründe des Ehescheidungsrisikos. Eine empirische Untersuchung mit den Daten des sozioökonomischen Panels. *Kölner Zeitschrift für Soziologie und Sozialpsychologie, 2,* 271–290.

Fehling, J. (2014). Das darf Ihnen das Amt für Muttis Pflegeheim berechnen. Fokus-Money-Online vom 12.2.2014. http://www.focus.de/finanzen/versicherungen/pflegeversicherung/nach-dem-bgh-urteil-wieviel-elternunterhalt-sie-wann-zahlen-muessen_id_3607484.html. Zugegriffen: 13. Sept. 2014.

Fliegel, S. (1998). Beziehungskiller: Schlechtes Streiten. Faire Auseinandersetzungen können gelernt werden. http://arbeitsblaet-

ter.stangl-taller.at/KOMMUNIKATION/SchlechtesStreiten.
shtml#Quelle. Zugegriffen: 20. Sept. 2014.

Fries, J. F. (1989). Erfolgreiches Altern, Medizinische und demo-
graphische Perspektiven. In M. M. Baltes (Hrsg.), *Erfolgreiches
Altern – Bedingungen und Variationen* (S. 19–26). Bern: Huber
Verlag.

Fülbeck, T. (2014). Vermögen: So viel Geld müssen Sie verdienen, wenn Sie zu den Reichsten in Deutschland zählen wollen. Huffington Post vom 4.6.2014. http://www.huffington-
post.de/2014/06/04/vermoegen-geld-verdienen-reichsten-
deutschland_n_5443197.html. Zugegriffen: 27. Juli 2014.

Gesellensetter, C. (2011). Rente mit 96. Warum der Generationenvertrag scheitern muss. Fokus-Money-Online. http://www.focus.
de/finanzen/altersvorsorge/rente/tid-14947/rente-mit-69-wes-
halb-der-generationenvertrag-scheitern-muss_aid_418678.
html. Zugegriffen: 27. Juli 2014.

Guralnik, J. M. (1991). Prospects for the compression of morbidi-
ty: The challenge posed by increasing disability in the years prior
to death. *Journal of Aging and Health, 3,* 138–154.

Hornung, G. (2014). *Wie man wirklich glücklicher wird und dauerhaft bleibt*. München: IFG.

Hubschmid, M. (2013). Wie man die richtige Pflege findet. Der
Tagesspiegel vom 11.3.2013. http://www.tagesspiegel.de/wirt-
schaft/24-stunden-betreuung-wie-man-die-richtige-pflege-fin-
det/7905820.html. Zugegriffen: 14. Sept. 2013.

Hummel, K. (2012). Verjüngst du mich, beschütz ich dich. Frankfurter Allgemeine Gesellschaft vom 2.5.2012. http://www.faz.
net/aktuell/gesellschaft/alter-mann-junge-frau-verjuengst-du-
mich-beschuetz-ich-dich-11734447.html. Zugegriffen: 14.
Sept. 2013.

Koufen, K. (2010). Vergoldete Landarztpraxen in der Pampa.
Wirtschaftswoche vom 12.1.2010. http://www.wiwo.de/politik/

deutschland/aerztemangel-vergoldete-landarztpraxen-in-der-pampa/5610930.html. Zugegriffen: 17. Sept. 2013.

Kunze, A. (2014). Grundsicherung. Wenn die Rente nicht reicht. http://www.experto.de/verbraucher/rente/grundsicherung-wenn-die-rente-nicht-reicht.html. Zugegriffen: 30. Juli 2014.

Mayer-Kuckuk, F. (2004). Mythos Chancengleichheit: Soziale Herkunft schlägt Leistung. Spiegel Online Unispiegel vom 30.6.2004. http://www.spiegel.de/unispiegel/jobundberuf/mythos-chancengleichheit-soziale-herkunft-schlaegt-leistung-a-306425.html. Zugegriffen: 29. Juli 2014.

MediClin AG. (2014). Geriatrische Rehabilitation soll Selbstständigkeit wieder herstellen. Offenburg: MediClin AG. http://www.mediclin.de/Themen/Medizin/Spezialgebiete/Geriatrische-Rehabilitation.aspx. Zugegriffen: 14. Sept. 2014.

Mertgen, F., & Rose, S. (2013). Unser Geld verliert viel mehr an Wert, als wir wissen. Interview mit Heinz-Werner-Rapp. Focus-Money-Artikel vom 5.9.2013. http://www.focus.de/finanzen/boerse/aktien/tid-33315/anlage-profi-heinz-werner-rapp-schlaegt-alarm-unser-geld-verliert-viel-mehr-an-wert-als-wir-wissen_aid_1089526.html. Zugegriffen: 26. Juli 2014.

Münchner Verein. (2012). Pflegeheimkosten – Wieviel kostet es und wer zahlt was? München: Münchner Verein Versicherungen. http://www.deutsche-privat-pflege.de/pflegeheimkosten/. Zugegriffen: 13. Sept. 2014.

Naegele, G., Heinze, R. G., & Hilbert, J. (2006). Seniorenwirtschaft in Deutschland: Wohnen im Alter. Ruhr-Universität Bochum. Institut Arbeit und Technik. Forschungsgesellschaft für Gerontologie e. V. http://www.sowi.rub.de/mam/content/heinze/heinze/trendreport_wohnen.pdf. Zugegriffen: 14. Sept. 2014.

Nienhaus, L. (2014). Kassenpatienten müssen lange auf einen Termin warten. Frankfurter Allgemeine vom 9.6.2014. http://www.faz.net/aktuell/finanzen/meine-finanzen/versichern-und-schuetzen/nachrichten/fachaerzte-im-test-kassenpatienten-muessen-lange-auf-einen-termin-warten-12978281.html. Zugegriffen: 17. Sept. 2014.

Nöthen, M. (2011). Hohe Kosten im Gesundheitswesen: Eine Frage des Alters? In R. Egeler (Hrsg.), *Gesundheit* (S. 665–676). Wiesbaden: Statistisches Bundesamt. https://www.destatis.de/DE/Publikationen/WirtschaftStatistik/Gesundheitswesen/FrageAlter.pdf;jsessionid=713ACDAA6102754CB9964934569D90D0.cae4?__blob=publicationFile. Zugegriffen: 11. Sept. 2014.

Nowossadeck, S., & Engstler, H. (2013). Familie und Partnerschaft im Alter. Deutsches Zentrum für Alterfragen. Report Altersdaten, 3. http://www.dza.de/fileadmin/dza/pdf/GeroStat_Report_Altersdaten_Heft_3_2013_PW.pdf. Zugegriffen: 20. Sept. 2014.

Perlmutter, D., & Loberg, K. (2014). *Wie Weizen schleichend ihr Gehirn zerstört*. München: Mosaik.

Pestel-Institut. (2007). Wohnen im Alter heute und im Jahr 2035. http://www.pestel-institut.de/images/18/Wohnen-im-Alter-NEU.pdf. Zugegriffen: 30. Juli 2014.

Postbank-Studie. (2014). Jeder dritte Mieter kann sich Eigenheim leisten. http://www.finanzen.net/nachricht/aktien/Postbank-Studie-Jeder-dritte-Mieter-kann-sich-Eigenheim-leisten-In-85-Prozent-der-Kreise-ist-Kauf-einer-Wohnung-wirtschaftlicher-als-Miete-zahlen-Gute-Wertentwicklung-von-Immobilien-bis-2025-FOT-3510769. Zugegriffen: 30. Juli 2014.

Rosenkranz, D., & Rost, H. (1996). Welche Partnerschaften scheitern? Trennung und Scheidung von verheirateten und unverheirateten Paaren im Vergleich. Staatsinstitut für Familienforschung an der Universität Bamberg, IFB-Materialien, 2. http://www.ifb.bayern.de/imperia/md/content/stmas/ifb/materialien/mat_1996_2.pdf. Zugegriffen: 18. Sept. 2014.

Rübartsch, M., & Gesellensetter, C. (2011). Das unterschätzte Risiko. Focus-Online-Money vom 17.10.2011. http://www.focus.

de/finanzen/versicherungen/berufsunfaehigkeit/berufsunfaehig-
keit/berufsunfaehigkeitsversicherung-das-unterschaetzte-risiko_
aid_11146.html. Zugegriffen: 31. Juli 2014.

Saß, A. C., Wurm, S., & Ziese, T. (2009). Somatische und psychische Gesundheit. In K. Böhm, C. Tesch-Röhmer, & T. Ziese (Hrsg.), *Beiträge zur Gesundheitsberichterstattung des Bundes*
(S. 31–61). Berlin: Robert Koch-Institut. https://www.destatis.
de/GPStatistik/servlets/MCRFileNodeServlet/DEMonogra-
fie_derivate_00000153/Gesundheit_und_Krankheit_im_Alter.
pdf;jsessionid=756BDD3B1DEDADFFE9C287CA17413B89.
Zugegriffen: 10. Sept. 2014.

Schäfer, S. (2012). Das Tal des Lebens. In Zeit-Wissen, 4. http://
www.zeit.de/zeit-wissen/2012/04/Midlife-Crisis.   Zugegriffen:
21. Sept. 2014.

Schmidt, G., Matthiesen, S., Dekker, A., & Starke, K. (2006). *Spät-
moderne Beziehungswelten. Report über Partnerschaft und Sexualität in drei Generationen.* Wiesbaden: VS Verlag für Sozialwis-
senschaften.

Schneider, N. F. (1990). Woran scheitern Partnerschaften? Subjek-
tive Trennungsgründe und Belastungsfaktoren bei Ehepaaren
und nichtehelichen Lebensgemeinschaften. *Zeitschrift für Soziologie, 19*(6), 458–470.

Seibel, K. (2014). Mit Aktien kann in Wahrheit gar nichts schief-
gehen. Die Welt vom 26.2.2014. http://www.welt.de/finanzen/
geldanlage/article125209178/Mit-Aktien-kann-in-Wahrheit-
gar-nichts-schiefgehen.html. Zugegriffen: 30. Juli 2014.

Statistische Ämter des Bundes und der Länder. (2008). Demo-
grafischer Wandel in Deutschland. Auswirkungen auf Krankenhausbehandlungen und Pflegebedürftige im Bund und in
den Ländern, 2. https://www.destatis.de/DE/Publikationen/
Thematisch/Bevoelkerung/VorausberechnungBevoelkerung/
KrankenhausbehandlungPflegebeduerftige5871102089004.
pdf?_blob=publicationFile. Zugegriffen: 5. Sept. 2014.

Statistisches Bundesamt. (2008). *Diagnosedaten der Patienten und Patientinnen in Krankenhäusern* (einschl. Sterbe- und Stundenfälle) 2006. Wiesbaden: Statistisches Bundesamt.

Statistisches Bundesamt. (2011). Bevölkerung *Deutschlands bis 2060*. 12. Koordinierte Bevölkerungsvorausberechnung. Wiesbaden: Statistisches Bundesamt. https://www.destatis.de/DE/Publikationen/Thematisch/Bevoelkerung/VorausberechnungBevoelkerung/BevoelkerungDeutschland2060Presse5124204099004.pdf;jsessionid=1D3FC89A9FDB48B3806014F4911377FC.cae2?_blob=publicationFile. Zugegriffen: 26. Juli 2014.

Statistisches Bundesamt. (2013). Reale und nominale Lohnentwicklung von 1991 bis 2012.

Ullmann, R. (2012). Wie der Mensch altert. Redaktionsdienst Klinikwelt der Helios Kliniken GmbH, Berlin. http://www.helios-kliniken.de/presse/redaktionsdienst-klinikwelt/2012/7-juni-2012-wie-der-mensch-altert.html. Zugegriffen: 9. Sept. 2014.

Wunsch, A. (2013). *Mit mehr Selbst zum stabilen Ich – Resilienz als Basis der Persönlichkeitsbildung*. Heidelberg: Springer Spektrum.

Zeit Online. (2014). Inflation drückt Löhne. Zeit-Online vom 20.2.2014. http://www.zeit.de/wirtschaft/2014-02/realloehne-2013-inflation. Zugegriffen: 27. Juli 2014. http://www.lohn-info.de/sozialversicherungsbeitraege2014.html. Zugegriffen: 28. Juli 2014.

Printed in the United States
by Baker & Taylor Publisher Services